Phytochemische Übungspräparate

Anleitung zur Darstellung phytochemischer Übungspräparate

für Pharmazeuten, Chemiker, Technologen u. a.

Von

Dr. D. H. Wester

Mit 59 Textfiguren

Springer-Verlag Berlin Heidelberg GmbH

1913

ISBN 978-3-662-24554-5   ISBN 978-3-662-26701-1 (eBook)
DOI 10.1007/978-3-662-26701-1
Softcover reprint of the hardcover 1st edition 1913

Vorwort.

„Und so sehen wir denn jetzt schon vielfach die Chemiker, die von den gewaltigen Erfolgen der Synthese berauscht bis zur einhundertdreißigtausendsten künstlich dargestellten organischen Verbindung vorwärtsgestürmt waren, dahin zurückkehren, wo sie angefangen hatten: zum Studium der Pflanzenstoffe“. . . .

A. Tschirch. 1908.

Da die Phytochemie in den letzten Jahrzehnten einen bedeutenden Aufschwung genommen hat und nun wieder die ihr gebührende Stellung neben der synthetisch-organischen Chemie einnimmt, schien mir der Augenblick gekommen, Vorschriften für phytochemische Übungspräparate zusammenzustellen, die sich zur Darstellung im Laboratorium eignen. Diese Sammlung entspricht meiner Meinung nach schon deshalb einem Bedürfnis, weil der Praktikant beim Nacharbeiten vieler Literaturangaben schlechte Resultate erhält, entweder weil die Präparate ungeeignet oder zu schwer sind, oder aber weil leider manche Angaben zu unvollständig, bisweilen sogar ganz falsch sind (siehe Berberin 47).

Wenn es dem Buche vergönnt sein sollte, bei einigen Studierenden reges Interesse für Phytochemie wachzurufen, so fühlte ich dadurch meine Mühe reichlich belohnt. Hinweise auf Mängel und Vorschläge zu Verbesserungen werde ich stets dankbar entgegennehmen.

Aus einigen Hunderten von mir eingehend geprüften Präparaten habe ich 58 für diese Sammlung ausgewählt, die von einem einigermaßen geübten Praktikanten ohne allzuviel Material-, Zeit- und Kostenaufwand dargestellt werden können, und die trotzdem möglichst viele Gruppen von Pflanzenstoffen vertreten. Auch sollen sie ihn mit einer großen Verschiedenheit von Isolierungsmethoden bekannt machen.

Das Buch zerfällt in einen allgemeinen Teil: Arbeitsmethoden, und einen speziellen: Präparate. Aus didaktischen Gründen habe ich eine ausführliche Beschreibung der Arbeitsmethoden aufgenommen, deren Verständnis durch zahlreiche Figuren erleichtert wird. Besonders wurde auch den neuern Anschauungen der physikalischen Chemie Rechnung getragen.

Die Präparate sind zu Gruppen von Pflanzenstoffen zusammen-
gefaßt, welchen eine Definition und eine allgemeine Übersicht der
Isolierungsmethoden vorausgeht. Obschon diese Einteilung nicht
wissenschaftlich genannt werden darf, habe ich sie doch vorgenommen, weil dadurch die zusammengehörigen Pflanzenstoffe in
übersichtlicher Weise besprochen werden können. Am Anfang des
zweiten Teils (S. 53) habe ich zugleich mit einigen allgemeinen Be-
merkungen über die Präparate angegeben, wie von leichteren zu
schwierigeren Übungsbeispielen übergegangen werden kann. Jedem
Präparat werden Erläuterungen über die Ausbeute, Prüfung auf
Reinheit, das Wesen und die Bedeutung der Isolierungsmethode,
sowie in geeigneten Fällen auf ähnliche Weise isolierte Pflanzenstoffe
und einige allgemeine Gruppenreaktionen beigefügt, wodurch zugleich die theoretischen Kenntnisse des Praktikanten erweitert
werden.

Ich habe es nicht als zweckmäßig erachtet, in diesem Buche
die unzähligen Originalliteraturangaben zu erwähnen. Es kam mir
mehr darauf an, dem Studierenden einige wichtigen Schriften
an die Hand zu geben, worin er — auch über die Originalliteratur
— ausführlicheres finden kann. Für die Kenntnis der zu isolierenden Pflanzenstoffe habe ich besonders auf das empfehlens-
werte Werkchen Eulers und die Lehrbücher von Schmidt,
Holleman*) und Bernthsen verwiesen (s. weiter S. 55).

Zum Schlusse bleibt mir noch übrig, den Herren Prof. Dr.
L. van Itallie in Leiden (Holland), Prof. Dr. H. Thoms in
Berlin, Prof. Dr. A. Tschirch und Prof. Dr. O. A. Oesterle
in Bern, welche mir bei der Bearbeitung dieses Büchleins ihre
wertvollen Ratschläge zuteil werden ließen, wie allen denjenigen,
die mich dabei in irgendwelcher Weise unterstüzten, meinen
aufrichtigsten Dank auszusprechen. Die Korrektur besorgte
Apotheker H. Miller in Bern.

Wertvolle Unterstützung erhielt ich auch von den Apparaten-
Firmen Franz Hugershoff in Leipzig und J. C. Th. Marius
in Utrecht (Holland), die mir ihre Klischees zur Verfügung stellten.

den Haag (Holland), Mai 1913.

Der Verfasser.

---

*) Es sind hier nicht die Seiten, sondern die Paragraphen zitiert
worden, da letztere für die Ausgaben seines Lehrbuchs in den verschiedenen Sprachen parallel gehen, wie Professor Holleman mir
mitteilte.

Quellenverzeichnis.

Arbeitsmethoden.

1. Denigès, G.: Précis de Chimie analytique. 4. Ed., 1913.
2. Dupont, Feundler et Marquis: Manuel de travaux pratiques de Chimie organique. 2. Ed. 1908.
3. Gattermann, L.: Die Praxis d. organischen Chemikers. 10. Aufl., 1910.
4. Lassar-Cohn: Arbeitsmethoden für organ.-chemische Laboratorien. Allgemeiner Teil. 4. Aufl., 1906.
5. Weyl, Th.: Die Methoden d. organischen Chemie. Bd. I. Allgemeiner Teil.

Lehr-, Handbücher und Spezialwerke.

6. Abderhalden, E.: Handbuch d. biochemischen Arbeitsmethoden (besonders Bd. II., 1910: Kohlenhydrate von Prof. Tollens; Eiweißstoffe von Prof. Osborne; Alkaloide von Prof. Kobert; Gerbstoffe von Dr. Nierenstein; usw.).
7. Benedikt-Ulzer: Analyse d. Fette u. Wachsarten. 5. Aufl. 1908.
8. Bernthsen, A.: Kurzes Lehrbuch d. organischen Chemie. 10. Aufl., 1909.
9. Brühl, Hjelt u. Aschan: Pflanzenalkaloide.
10. Charabot, Dupont et Pillet: Les huiles essentielles et leurs principaux constituants, 1899.
11. Cohnheim, O.: Chemie d. Eiweißkörper. 1911.
12. Czapek: Biochemie d. Pflanzen. 1905.
13. Dekker: De Looistoffen. 1908.
14. Dragendorff: Qual. u. quant. Analyse von Pflanzen und Pflanzenteilen. 1882.
15. Euler, H.: Grundlagen und Ergebnisse d. Pflanzenchemie. 1908.
16. Fischer, E.: Anleitung zur Darstellung organ. Präparate. 8. Aufl., 1908.
17. Gildemeister u. Hoffmann: Die ätherischen Öle. Bd. I und II., 1899. Bd. I, 2. Aufl., 1910.
18. Green-Windisch: Die Enzyme (übersetzt). 1901.
19. Holleman, A. F.: Lehrbuch d. Chemie (organ. Chemie). 10. Aufl.
20. Jacobson: Die Glykoside (in Ladenburgs Handwörterbuch d. Chemie).
21. Lippmann: Chemie d. Zuckerarten. 1904, 3. Aufl.
22. Maquenne: Les sucres. 1910.
23. Oesterle, O. A.: Grundriß der Pharmakochemie. 1909. (Alkaloide, Riechstoffe, Glykoside, Farbstoffe und Tannide.)
24. Ostwald, W.: Die wissenschaftlichen Grundlagen d. analyt. Chemie. 4. Aufl., 1904.
25. Pictet-Wollfenstein: Die Pflanzenalkaloide. 1900.
26. Rosenthaler, L.: Grundzüge d. Pflanzenuntersuchung. 1904.
27. Rupe: Chemie d. natürlichen Farbstoffe. 1900.

28. van Ryn: Die Glykoside. 1900.
29. Semmler: Die ätherischen Öle. 4 Bd., 1906—1907.
30. Schmidt, E.: Ausführliches Lehrbuch d. pharmazeutischen Chemie.
31. Schoorl, N.: Organische Analyse (Zuren, Vetten, Suikers, Alkaloiden). 1911.
32. Thoms und Möller: Realenzyklopädie d. gesamten Pharmazie. 2. Aufl.
33. Tollens, B.: Kurzes Handbuch d. Kohlenhydrate. 2. Aufl., 1898.
34. Tschirch, A.: Handbuch d. Pharmakognosie (besonders Bd. I, Abt. 2, S. 391—432). Harre und Harrbehälter. 2. Aufl.
35. Wehmer, C.: Die Pflanzenstoffe (Phanerogamen). 1911.
36. Winterstein u. Trier: Die Alkaloide.
37. Hier will ich noch auf die „Monographs on Biochemistry" aufmerksam machen (Enzymes, Proteins, Carbohydrates, Glucosides, Polysaccharides. Fats, Colloids usw.), welche leider noch nicht alle erschienen sind. Edited by Plimmer and Hopkins. London.

Inhaltsverzeichnis.

Die gewöhnlichen Ziffern im Text bezeichnen die Seiten, die fetten
die Präparate.

Allgemeiner Teil.

Arbeitsmethoden.

Ausgangsmaterial.

Als Ausgangsmaterial sollten wenn möglich die Pflanzen (bzw. Pflanzenteile) selbst verwendet werden, weil es viel interessanter ist, die gewünschte Substanz daraus zu isolieren als aus einem Rohprodukt (Extrakt, ätherisches Öl usw.). In einigen Fällen ist es aber unbedingt zweckmäßiger, von Rohprodukten auszugehen, entweder weil die Pflanzen schwer beschafft werden können, oder aber ihre Verarbeitung im wissenschaftlichen Laboratorium zu viele Schwierigkeiten bieten würde [viele Riechstoffe (S. 89), Fette (S. 61), Pflanzenwachs (S. 66) u. a.].

Meist kann man getrocknetes Material verwenden, in einigen Fällen dagegen ist frisches (54) oder wenigstens lebendes unbedingt vorzuziehen. Der Grundstoff muß gewöhnlich zuerst in geeigneter Weise vorbereitet werden, wozu das *Trocknen* (S. 2) und *Zerkleinern* (S. 2) gehören. Für die Feinheit des pulverisierten Materials verweise ich auf S. 5.

Isolierungsprozeß.

Im allgemeinen kann man bei dem Isolierungsverfahren von Pflanzenstoffen zwei Phasen unterscheiden:

1. Die Darstellung irgend eines Rohproduktes.
2. Die Verarbeitung desselben auf Reinsubstanz.

Der Begriff „Rohprodukt" ist allerdings sehr dehnbar und die Grenze zwischen beiden Phasen undeutlich. Verstehen wir unter Rohprodukt die erste Form, in welcher die gewünschte

Substanz aus der Pflanze gewonnen wird (Extrakte im weitesten Sinne; ätherische und fette Öle; usw.) dann könnte man in vielen Fällen zwischen 1 und 2 zweckmäßig noch eine „vorläufige Reinigung des Rohproduktes" einschieben.

Die Darstellung des Rohproduktes besteht meist darin, daß man zuerst dem Material die gewünschte Substanz durch geeignete Lösungsmittel entzieht (*Extraktion*, S. 4) und die erhaltene Lösung filtriert (*Filtration*, S. 31). Beim Abkühlen scheidet sich mitunter die Rohsubstanz daraus ab und wird sonst durch Abdampfen des Lösungsmittels gewonnen oder endlich auf Umwegen, wobei gleichzeitig eine teilweise Reinigung bezweckt wird (*vorläufige Reinigung*, S. 39).

Oft auch gewinnt man das Rohprodukt durch *Destillation* (S. 17), bisweilen durch *Sublimation* (S. 30) oder durch Auspressen.

Die verbreitetsten Reinigungsmethoden sind: für feste Stoffe das *Umkristallisieren* (S. 42) oder das *Ausfrieren* (S. 40), und nachfolgendes *Auswaschen* (S. 41), für Flüssigkeiten die *fraktionierte Destillation* (S. 22). In andern Fällen führen *Sublimation* (S. 30), *Dialyse* (S. 30), *Überführung in Derivate und Regenerierung aus denselben* (S. 39) leichter zum Ziel. Schließlich wird die Substanz noch *entfärbt* (S. 45), falls dies nötig sein sollte und *getrocknet* (S. 46).

Bei der Isolierung der nachstehenden Pflanzenstoffe finden im allgemeinen mehrere der erwähnten Arbeitsmethoden nacheinander Verwendung.

Um zu beurteilen, ob der isolierte Körper rein ist, wird außer qualitativen Reaktionen auf Verunreinigungen die *Bestimmung seines Schmelzpunktes* (S. 48) oder *Siedepunktes* (S. 50) herangezogen; oft leistet auch die *Kapillaranalyse* (S. 52) gute Dienste.

Wie aus dieser Übersicht hervorgeht, weichen die Methoden zur Darstellung phytochemischer Präparate mehr oder weniger von denen bei andern präparativen Arbeiten ab. In den folgenden Seiten dieses allgemeinen Teiles wollen wir die wichtigsten Arbeitsmethoden ausführlicher behandeln, weshalb dem Praktikanten zunächst das Durchlesen dieses Teiles empfohlen sei.

Zerkleinern, Pulvern.

Zum Pulverisieren isolierter Pflanzenstoffe bedient man sich im allgemeinen eines Porzellan- oder Glasmörsers. Bei giftigen, hygroskopischen oder solchen Substanzen, welche leicht aus dem Mörser springen, kann man den Mörser mit einer Gummi-kappe luftdicht umschließen (Scholl). In der Mitte der Kappe befindet sich eine Öffnung zur Einführung des Pistills. Denselben Dienst leistet aber ein Tuch womit man den ganzen Apparat bedeckt.

Wichtiger ist für uns die Frage, wie wir unser Ausgangsmaterial auf geeignete Weise zerkleinern können. Man kann die sorgfältig getrockneten Drogen in tiefen, metallenen Mörsern (Fig. 1) zerstampfen, noch zweckmäßiger aber zermahlen in kleinen Mühlen mit Messern oder Walzen, wie die gebräuchlichen Fleischmühlen. Eine erprobte Maschine ist die in Fig. 2 abgebildete Exzelsiormühle mit Zahnscheiben. (Fig. 3.)

Fig. 1.

Zähe Substanzen zerkleinert man am besten durch Zufügung der gleichen Menge grobkörnigen Sandes.

Fig. 2.

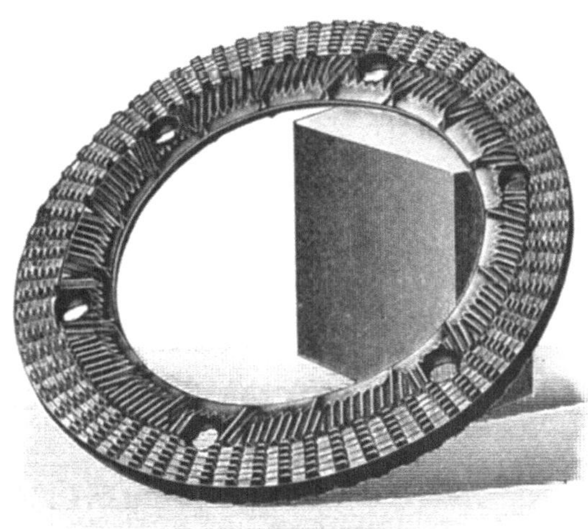

Fig. 3.

Das zerstampfte oder gemahlene Material wird durch ein Sieb geschlagen.

Es sei hier noch erwähnt, daß wir die Siebe folgendermaßen einteilen können:

A. solche mit runden Löchern, mit Maschenweite von $1\frac{1}{2}$, 3 und 5 mm Diameter aus Tierhaut oder Zinn, für sehr grobe Pulver.

B. solche mit viereckigen Maschen, welche 10, 20, 30, 40 oder 50 Öffnungen auf 1 cm Länge zählen, aus Seidengaze, Eisen-draht oder Messingdrahtnetz.

1*

Die Siebe werden je nach der Größe der Maschen bezeichnet als A 3, B 20 usw.

Die untenstehende Fig. 4 stellt einen sehr brauchbaren baren Siebapparat dar.

Fig. 4.

Der Apparat besteht aus einer Fassung und einem Ring zum Einlegen auswechselbar loser Siebscheiben, dem Untersatz und dem Deckel. Er wird gewöhnlich aus emailliertem Eisenblech angefertigt und mit sechs verschiedenen Einlagen geliefert.

Extraktion.

Extrahieren heißt, Mischungen einen oder mehrere ihrer Bestandteile entziehen mit Hilfe eines Lösungsmittels. Dem Zwecke dienen zahlreiche Methoden und Apparate, wovon hier nur die wichtigsten ausführlich besprochen werden sollen. Erstere sind im folgenden Schema übersichtlich dargestellt.

$$\textit{Extraktion} \begin{cases} \text{A. von festen Substanzen} \begin{cases} \text{Mazerieren} \\ \text{Digerieren} \\ \text{Infundieren} \\ \text{Auskochen} \\ \text{Perkolieren} \\ \text{Extrahieren im} \\ \quad \text{engern Sinne} \end{cases} \\ \\ \text{B. von Flüssigkeiten} \begin{cases} \text{Ausschütteln} \\ \text{Perforieren} \end{cases} \end{cases}$$

A. Extraktion von festen Substanzen.

Die Wahl der Extraktionsflüssigkeit hängt vom Ausgangsmaterial und dem gewünschten Körper ab und ist von großer Bedeutung für die Ausbeute und Reinheit des Präparates. Es finden namentlich Wasser, Alkohol, Äther und Petroläther praktische Anwendung, während in gewissen Fällen Azeton, Schwefelkohlenstoff. Benzol o. a. benutzt werden.

Beim Extrahieren fester Substanzen durchdringt die Extraktionsflüssigkeit das zu erschöpfende Material, die Lösung (Extrakt) wird von den ungelösten Teilen (Faezes) getrennt und auf den gewünschten Körper weiter verarbeitet.

Eine vorherige 24-stündige Mazeration des Ausgangsmaterials in der Extraktionsflüssigkeit erweist sich stets als zweckmäßig, da die Rohstoffe dabei ihr Volumen vergrößern und dann rascher und vollständiger ausgezogen werden.

Man nimmt natürlich am liebsten ein Lösungsmittel, in der die gewünschte Substanz leicht, die Beimengungen schwer löslich sind, um ein möglichst reines Rohprodukt zu bekommen.

Die Geschwindigkeit der Auflösung ist der Größe der Berührungsfläche proportional, und somit sollte theoretisch möglichst fein zerkleinertes Material verwendet werden. Bei Pflanzen würde dies um so empfehlenswerter sein, weil dadurch stets mehrere Zellen zerrissen werden, was die Extraktion erleichtert. Praktisch aber ist dieser Verteilung eine Grenze gezogen, weil die Verarbeitung sonst viele technische Schwierigkeiten darbieten würde. Es sei bemerkt, daß die Zerkleinerung umso weiter zu treiben ist, je schwieriger die Substanzen auszuziehen sind und je weniger sie quellen. Bei zu starker Quellung neigenden Materialien muß das feinste Pulver durch Absieben entfernt werden.

Beim Kontakt des Ausgangsmaterials mit der Extraktionsflüssigkeit tritt schließlich bei einer bestimmten Konzentration der Lösung Gleichgewicht ein (Sättigung). Weil die Konzentration fast ausnahmslos mit steigender Temperatur zunimmt, empfiehlt es sich im allgemeinen, höhere Temperatur anzuwenden. Nur darf man dabei die Zersetzlichkeit der gewünschten Substanz und die Löslichkeit der Beimischungen nicht aus dem Auge verlieren.

Die Konzentration beim Gleichgewicht ist außerdem noch von der Beschaffenheit der Substanz (Kristallisationsform usw.) abhängig. So haben frischgefällte Körper eine ganz andere Löslichkeit als solche, die Zeit hatten auszukristallisieren.

Die Extraktion unterliegt folgendem Gesetze:

$$a\,x_n = \left(\frac{a}{m\,a}\right)^n a\,x_0 \quad \text{(Bunsen)},$$

worin a = die Menge des am Material haften bleibenden Lösungsmittels, m = die zugesetzte Menge des Lösungsmittels und x_0 = die Konzentration der gelösten Substanzen in der zuerst zugesetzten Menge Extraktionsflüssigkeit bedeuten. Seine absolute Menge ist also nach dem Abtropfen $a\,x_0$.

x_n = die Konzentration der gelösten Substanzen in der zum n-ten Male zugesetzten Menge des Lösungsmittels, vorausgesetzt, daß man stets dieselbe Menge (m) zusetzt.

Aus oben angeführter Formel lassen sich folgende für uns wichtige Regeln ableiten.

Steht nur eine gewisse Menge der Extraktionsflüssigkeit zur Verfügung, so zieht man das Material vollständiger aus, wenn man mehrmals mit kleinen, als wenn man einige Male mit größeren Mengen des Lösungsmittels auszieht. Denn im ersten Falle wird $\left(\dfrac{a}{m+a}\right)^n$ und also auch $a\,x_n$ kleiner, d. h. also die absolute Menge des zurückgebliebenen gewünschten Körpers ist geringer.

Am einfachsten werden feste Grundstoffe extrahiert, wenn sie bei Zimmertemperatur mit der Extraktionsflüssigkeit stehen gelassen oder ausgeschüttelt werden. Das pulverisierte Material wird zum Zwecke dieses „Mazerierens" mit der gewünschten Menge Extraktionsflüssigkeit gemischt, in einem verschlossenen Gefäß stehen gelassen, von Zeit zu Zeit geschüttelt oder gerührt und gewöhnlich nach 5 Tagen filtriert und ausgepreßt. Auf diesem Wege werden manche Tinkturen und andere pharmazeutischen Präparate dargestellt.

In ähnlicher Weise verfährt man beim Digerieren (Extrahieren bei 35^0-45^0), welches aber wie das Infundieren (Extrahieren bei 90^0-95^0) für uns von wenig Interesse ist.

Eine gewisse Bedeutung kommt bei phytochemischen Präparaten dem Auskochen (Extrahieren bei Siedetemperatur) zu. Das zerkleinerte Material wird mit der gewünschten Menge Extraktionsflüssigkeit übergossen und ½ bis 2 Stunde im Sieden erhalten. Danach wird heiß filtriert und ausgepreßt. Als Kochgefäß (Dekoktorium) möchte ich nicht die zerbrechlichen Glaskolben, sondern Flaschen, Porzellan-, Kupfer- oder besonders Emaillepfannen empfehlen.

Selbstverständlich werden die Drogen erst nach wiederholtem Mazerieren oder Auskochen und Auspressen völlig erschöpft.

Viel mehr Interesse als obenangeführte Extraktionsmethoden bietet uns die

Perkolation.

Das Perkolieren oder Deplazieren besteht im Verdrängen einer gesättigten Lösung durch eine minder gesättigte, d. h. die mehr oder weniger gesättigte Extraktionsflüssigkeit wird durch frisch nachströmendes Lösungsmittel aus dem Apparat verdrängt.

Von den zahlreichen Perkolatoren oder Deplazierapparaten seien nur die zwei gebräuchlichsten, in Fig. 5 und 6 abgebildeten Konstruktionen erwähnt. Am besten werden gläserne, steinerne oder emaillierte Apparate verwendet.

Das *Ausgangsmaterial* wird zuerst zweckentsprechend zerkleinert (Feinheitsgrad siehe bei den einzelnen Präparaten).

Das zerkleinerte Material wird nun mit der Extraktionsflüssigkeit im Verhältnis 3 : 2 innig gemischt und in einem verschlossenen Gefäß (weithalsiger Flasche, Pfanne o. a.) 24 Stunden mazeriert. Sind in der Masse noch unbenetzte Klümpchen vorhanden, so muß das Ganze durch ein Sieb gerieben werden.

Hierauf kann das Material in den Perkolator gebracht werden. Perkolatoren sind konische Gefäße, woraus die gesättigte Extraktionsflüssigkeit unten abfließen kann.

Erklärung zu Fig. 6.
a = eigtl. Perkolator.
b = Siebe, zwischen welche eine Schicht Watte zum Filtrieren eingelegt wird.
d = Hahn des Abflußrohres.
f = Nachfüllflasche in einem Aufsatzgestell.

Fig. 5.

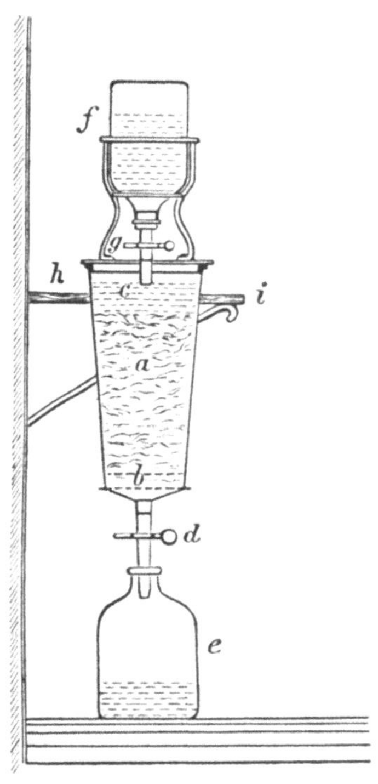

Fig. 6.

Das Abfließrohr wird mittels eines Hahnes oder eines Schraubhahnes (siehe 6) geschlossen. Außer diesen einfachsten Perkolatoren (Fig. 5) gibt es solche mit einem Siebboden (Fig. 6).

Steht ein Perkolator mit Siebboden (in einem gewöhnlichen Perkolator kann man bequem eine durchlöcherte Porzellanplatte (Fig. 39). als losen Siebboden anbringen) zur Verfügung, so wird darauf ein passend geschnittenes Flanelltuch oder Stück Filz gelegt. Nötigenfalls bringt man darauf noch eine 3—5 cm hohe Schicht grobkörnigen geswaschenen Sandes, Kieselgur o. a., nämlich dann, wenn die Poren des Flanelltuches bald verstopft sein würden. Fehlt der Siebboden (Fig. 5), so bringe man unten in den Perkolator eine 5 cm hohe Schicht Watte.

Letztere kann auch im allgemeinen statt Flanell usw. angewendet werden.

Nachdem man den Perkolator unten geschlossen hat, wird das vorbereitete Material portionenweise hineingebracht und schichtenweise angestampft, so daß es einerseits ziemlich fest und lückenlos aneinander schließt, andrerseits nicht so fest gestopft ist, daß es keine Flüssigkeit durchläßt. Die Masse wird dann mit einem Wattebausch, Stück Tuch o. dgl. bedeckt, welche zweckmäßig mit Glaskugeln, -stöpseln o. a. beschwert werden, damit das Pulver nicht nach oben schwimmt. Schließlich wird bei offnem Abflußhahn Extraktionsflüssigkeit aufgegossen, bis der Auszug abzutropfen beginnt. Der Abflußhahn wird nunmehr geschlossen, Lösungsmittel aufgegossen, bis das Material gerade davon bedeckt ist, der Perkolator bedeckt und das Ganze 24 Stunden sich selbst überlassen. Dann fängt die eigentliche Perkolation an. Der untere Hahn wird so weit geöffnet, daß die gesättigte Lösung tropfenweise abfließt, während oben stets wieder frisches Lösungsmittel aufgegossen wird.

Man bedarf umso weniger Extraktionsflüssigkeit, je langsamer man die Lösung abfließen läßt. Durchschnittlich erweisen sich 10—20 Tropfen in der Minute am zweckmäßigsten. Auch wird man nach dem oben Ausgeführten ohne weiteres einsehen, daß es sich empfiehlt, hohe, schmale Perkolatoren zu verwenden. Man hat weiter die Erfahrung gemacht, daß die Verdrängung in konischen Gefäßen besser vor sich geht als in zylindrischen.

Sehr praktisch ist folgende selbsttätig wirkende Vorrichtung zum Nachgießen von frischem Extraktionsmittel. Eine mit durchbohrtem Korken und Abfließrohr (nicht zu eng!) versehene Flasche wird mit Extraktionsflüssigkeit gefüllt und dann umgekehrt — mit dem Rohr nach unten — in den Perkolator gehängt (Fig. 5 u. 6). Sobald das Flüssigkeitsniveau im Perkolator wieder so tief gesunken ist, daß das untere Ende des Abflußrohres der Nachfüllflasche frei wird, fließt ein wenig frisches Lösungsmittel heraus.

Die Perkolation wird so lange fortgesetzt, bis die abfließende Flüssigkeit keine nennenswerte Menge der gewünschten Substanz mehr enthält.

Zu bemerken ist noch, daß bei richtigem Arbeiten in der ersten, mit dem Gewichte des Ausgangsmaterials übereinstimmenden Menge der abgeflossenen Extraktionsflüssigkeit durchweg schon mehr als $^9/_{10}$ der Gesamtextraktivstoffe vorhanden sind. Daher empfiehlt es sich bisweilen — z. B. bei wärmeempfindlichen Substanzen — diese erste Menge des Derkolats

und das Weitere gesondert abzudampfen und die Rückstände
zu vereinigen. In dem eben erwähnten Falle ist es vorteilhaft,
sehr langsam zu perkolieren (8 bis 10 Tropfen in der Minute),
damit man sogleich möglichst konzentrierte Lösungen bekommt,
wodurch die gewünschte Substanz beim Einengen des Extraktes
nur kurze Zeit höheren Temperaturen ausgesetzt bleibt. In
dieser Hinsicht ist auch die Reperkolation sehr empfehlens-
wert, die darin besteht, daß bei der Perkolation kleinere Mengen
des Ablaufs (500 g bis 1 kg) gesondert aufgefangen und als
Extraktionsflüssigkeit für neues Material benutzt werden, bis
man einen sehr konzentrierten Auszug erhält.

Extraktion im engeren Sinne.

Viele Drogen enthalten nur wenig der gewünschten Substanz
und erfordern deshalb zu ihrer Verarbeitung große Mengen
Ausgangs- und Extraktionsmaterial, wobei dieses meist noch
leicht entzündlich ist. Alle diese Unannehmlichkeiten werden bei
der Extraktion im engeren Sinne vermieden.

Bei den Apparaten, die dazu verwendet werden, findet ein
Kreislauf des Lösungsmittels
statt: die Extraktionsflüssigkeit

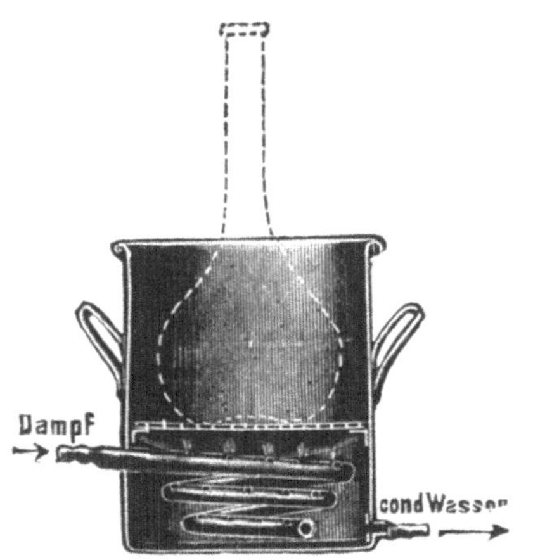

Fig. 7.

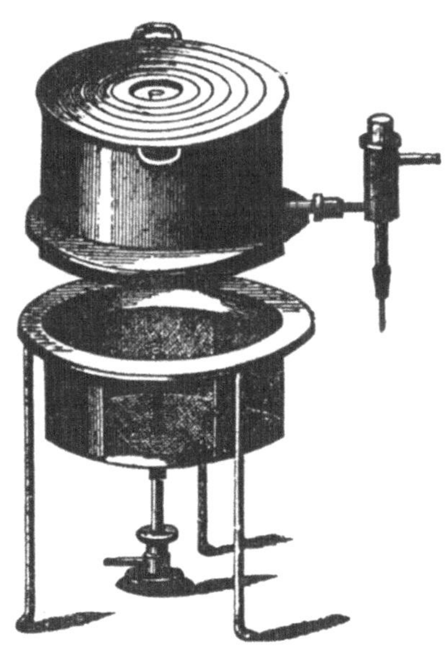
Fig. 8.

verflüchtigt sich im Empfänger, wird im Kühler kondensiert,
durchströmt dann im Extraktor das auszuziehende Material
und fließt wieder in den Empfänger zurück (siehe z. B. Fig. 12).

Da als Extraktionsflüssigkeiten hauptsächlich Äther, Petroläther und Alkohol, also alles feuergefährliche Stoffe, in Betracht

kommen, sollen diese Arbeiten auf Dampf- oder Luftbädern vorgenommen und *Flammen peinlichst ferngehalten werden.* (Fig. 7.)

Steht keine Zentraldampfleitung zur Verfügung, so kann man sich einen diesem Zweck dienenden Dampfkessel mit Bädern herstellen lassen oder benutze jedenfalls nie ein Wasserbad ohne Sicherheitsnetz (Fig. 8 — engmaschiges Drahtnetz, wo die Flamme hinein gestellt wird, und das wie die Davysche Lampe wirkt).

Auch auf das Dichten der Apparate ist große Aufmerksamkeit zu verwenden, um Materialverlust zu vermeiden und noch mehr wegen *Feuersgefahr.* Gummistopfen sind nicht immer brauchbar, sie werden zum Teile gelöst oder quellen sehr stark auf. Auch gewöhnliche Korken sind im allgemeinen nicht ohne weiteres zu empfehlen, weil sie von den Dämpfen mancher Extraktionsflüssigkeiten angegriffen werden und oft unvollständig schließen. Eine zuverlässige Dichtung für gewöhnliche Korken bietet die Chromgelatine von Neumann (s. S. 25) oder dünne Stanniol- oder Bleifolie. Man verfährt dabei wie folgt. Die Korke werden mit einer vier- bis fünffachen Lage von Stanniol beklebt. Nach dem Trocknen schneidet man mit einem scharfen Korkbohrer die gewünschte Bohrung ein.. In geeigneten Fällen können die Korke auch einfach mit Stanniol eingewickelt und dann fest auf den Apparat gesetzt werden. Diese Korken sind nun für Dämpfe vollkommen undurchlässig. Man vergleiche für das Dichten weiter S. 25.

Die Extraktionsapparate können wir zweckmäßig einteilen in I. solche, welche für den Großbetrieb bestimmt sind; große, aus Metall angefertigte Apparate, für deren Beschreibung ich auf Buch Nr. 32 verweise; II. solche, welche im wissenschaftlichen Laboratorium Verwendung finden; meist kleinere, gläserne Apparate.

Obschon für präparative Arbeit nicht so sehr zu empfehlen wie für analytische, ist der Extraktionsapparat von Soxhlet doch noch immer einer der am meisten verwendeten (Fig. 9 u. 10).

Von dem tiefsten Punkte des Extraktors (s. Fig. 10) führt ein enges, erst nach oben, dann nach unten gebogenes, durch die Wandung des weiten Aufsatzrohres geführtes Heberohr nach dem Innern des Destillierkölbchens. Das Material wird auf eine Unterlage von Watte gebracht oder aber in eine passende käufliche Papierhülse geschüttet. Auch in diesem Falle möchte ich empfehlen Heberohr wie Papierhülse mit Watte abzuschließen, damit keine festen Teilchen in den Empfänger hinübergehebert werden können. Die Apparate sind bis zu etwa 1 l Fassungsraum zu haben, sind dann aber sehr zerbrechlich. Laßar - Cohn empfiehlt einen aus **Kupfer** angefertigten Apparat, wie er ihn zu 1 l Fassungsraum verwendet.

Die Wirkung des Apparates ist nach den angeführten allgemeinen Betrachtungen aus der Fig. 9 ohne weiteres ersichtlich.

Dasselbe gilt von dem in Fig. 11 abgebildeten **Apparat von Lohmann**, den ich besonders empfehlen möchte. Gegenüber dem **Soxhletapparat** hat er u. a. den Vorteil, in größeren Modellen weniger leicht zerbrechlich zu sein.

Bezüglich anderer Apparate sei der Kürze halber auf Buch Nr. 32 verwiesen.

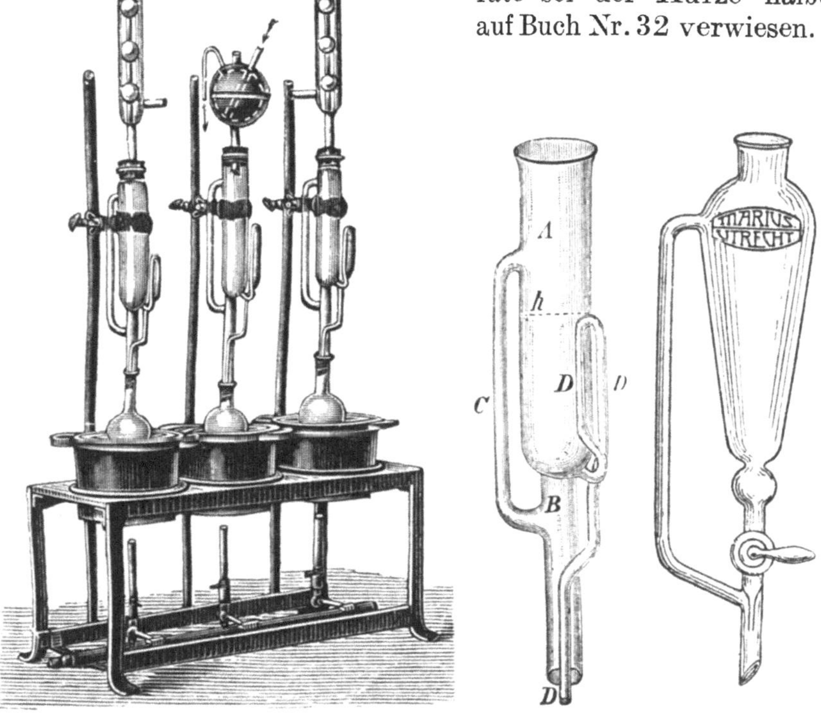

Fig. 9.   Fig. 10.   Fig. 11.

Die beiden beschriebenen Apparate haben aber den Nachteil, daß sie nicht beliebig groß zu haben sind und das Material nur mit fast kaltem Lösungsmittel ausgezogen werden kann; und so möchte ich zum Schlusse zwei Apparate vorführen, welche diese Fehler nicht aufweisen:

Man kann sich diese in Fig. 12 und 13 abgebildeten Modelle leicht selber herstellen in jeder beliebigen Größe

und aus in jedem Laboratorium vorhandenen Material. Beide
Apparate sind sehr bequem, ihre Wirkung aus den Figuren verständlich.

Ich möchte sie bequemlichkeitshalber als Extraktatoren
bezeichnen. Der Name soll andeuten, daß sie auch als Perforator

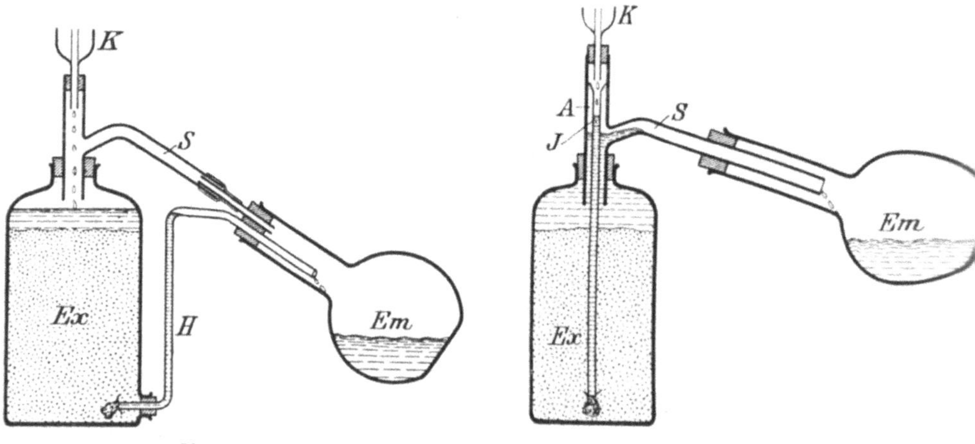

Fig. 12.   Fig. 13.

zur Extraktion von Flüssigkeiten verwendet werden können,
nämlich Fig. 13 für leichtere, Fig. 12 für schwerere Flüssigkeiten.

Als Extraktor (Ex) verwenden wir meistens eine Flasche,
als Empfänger (Em) einen Kolben, als Kühler (K) einen Kugel-
kühler Fig. 9. Das Seitenrohr (S. Fig. 12 u. 13) soll ziemlich weit sein,
so auch das Heberohr (H, Fig. 12), welches so konstruiert sein
soll, daß seine obere Biegung etwas höher liegt als das Niveau
des Materials. Das Extrakt soll tropfenweise aus Ex in Em
fließen. Beide Apparate sind natürlich sehr variationsfähig.

Die innere Röhre I wie die äußere A der Fig. 13 fertige
man sich selbst aus Glas an. Es empfiehlt sich, das untere Ende
von I (resp. H) mit Leinwand und Watte zu verschließen. Das
Pulver darf bei Anwendung dieses Apparates nicht zu fein
sein. Bei Fig. 13 verschließe man das Abflußrohr A mit Watte.

Schließlich möchte ich bei diesen Apparaten die Anwendung
von Kugelkühlern empfehlen, was den Apparat handlicher und
weniger zerbrechlich gestaltet.

Zumal bei dem durch Fig. 13 abgebildeten Apparat kann man
auch bei höherer Temperatur extrahieren, indem man den Extraktor
in ein Bad von der gewünschten Temperatur hineinstellt.

B. Extraktion von Flüssigkeiten.

Häufig tritt bei phytochemischen Präparaten der Fall ein, Lösungen oder Suspensionen mittelst einer mit dem Lösungsmittel nicht mischbaren Flüssigkeit Substanzen entziehen zu müssen.

Bei Lösungen unterliegt diese Art der Extraktion dem Berthelotschen Gesetz: Sind zwei nicht mischbare Flüssigkeiten gleichzeitig in Berührung mit einer Substanz, welche in beiden löslich ist, so verteilt sie sich so, daß die Konzentrationen in beiden Flüssigkeiten in einem konstanten Verhältnis stehen. Ist also die Menge a einer Substanz in der Menge b eines Lösungsmittels gelöst, und wird letzteres mit der Menge c eines zweiten Lösungsmittels geschüttelt, dann besteht zwischen der Konzentration in b und c das konstante Verhältnis

$$\frac{\dfrac{a_1}{b}}{\dfrac{a-a_1}{c}} = k$$

wenn wir mit a_1 die in b zurückbleibende Menge der Substanz und mit k die Konstante bezeichnen. k heißt auch der Teilungskoeffizient. Aus der Gleichung geht hervor:

$$\frac{a_1}{b} = k \, \frac{a-a_1}{c} \text{ oder}$$

$$a_1 \left(\frac{1}{b} + \frac{k}{c} \right) = k \, \frac{a}{c}, \text{ so daß}$$

$$a_1 = \frac{k\,a\,b}{c + k\,b} \text{ oder}$$

$$a_1 = a \, \frac{k\,b}{c + k\,b}$$

Eine zweite Ausschüttelung mit derselben Menge c des zweiten Lösungsmittels ergibt in derselben Weise:

$$\frac{a_2}{b} = k \, \frac{a_1 - a_2}{c} \text{ oder } a_2 = a_1 \, \frac{k\,b}{c + k\,b} \text{ und da}$$

$$a_1 = a \, \frac{k\,b}{c + k\,b} \text{ (siehe oben) ist also } a_2 = a \left(\frac{k\,b}{c + k\,b} \right)^2.$$

Nach n Ausschüttelungen ist folglich

$$a_n = a \left(\frac{k\,b}{c + k\,b} \right)^n$$

Aus dieser Formel lassen sich u. a. folgende Schlüsse ziehen, welche für uns praktisches Interesse haben:

Spielt die Menge und der Preis des zweiten Lösungsmittels keine Rolle, so empfiehlt es sich, mit großen Mengen desselben auszuschütteln, im andern Falle erlangt man mit mehrmaligem Ausschütteln mit kleinen Flüssigkeitsmengen bessere Resultate.

Bei diesen Betrachtungen haben wir vorausgesetzt, daß die Lösungsmittel sich gegenseitig nicht lösen, was aber wohl selten streng zutrifft.

Hat man die Wahl zwischen mehreren Lösungsmittel, so wählt man diese so, daß sie sich gegenseitig möglichst wenig lösen, und der Teilungskoeffizient für die gewünschte Substanz möglichst niedrig ist. Letzteres kann in geeigneten Fällen durch gleichzeitiges Aussalzen wesentlich gefördert werden (s. 16).

Die Extraktion von Flüssigkeiten wird erreicht 1. durch Ausschütteln, 2. durch Perforation.

Weitaus am wichtigsten ist für uns das Ausschütteln, der dazu wohl am häufigsten verwendete Apparat der Scheidetrichter (Fig. 14). Die auszuschüttelnde Lösung und das Men

struum werden bei Verschluß des untern Hahnes in den Apparat gebracht, der Trichter mit dem Stopfen oben verschlossen und die Masse einige Zeit tüchtig durchgeschüttelt.

Beim ruhigen Stehenlassen trennen sich die nicht mischbaren Flüssigkeiten wieder mehr oder weniger schnell in zwei Schichten.

Falls das Menstruum schwerer ist als die Lösung, es also die untere Schicht bildet, wird es durch Öffnen des Hahnes aus dem Abflußrohr des Trichters abgelassen (— auch den Stopfen vorher entfernen! —). Ist es aber spezifisch leichter, schwimmt es also oberhalb der Lösung, so wird letztere zuerst vollständig durch das Abflußrohr abgelassen und erst dann das Menstruum aus dem oberen Tubus des Scheidetrichters ausgegossen.

Fig. 14.

Bei präparativen Arbeiten müssen manchmal große Quantitäten Flüssigkeit ausgeschüttelt werden. Da aber Scheidetrichter über 2 L. Inhalt teuer und nicht mehr leicht zu handhaben sind, setze man sich dann lieber selbst einen Scheidetrichterersatz zusammen.

Die Flüssigkeiten werden in einer Flasche von passender Größe geschüttelt und die Schichten vermittelst eines Anblase-

hebers (Fig. 15 und 16) oder (nach Holde) eines Ablaßrohres
getrennt. Bei den Konstruktionen Fig. 15 und 16 wird
der Heber durch Anblasen des unmittelbar unter dem Kork

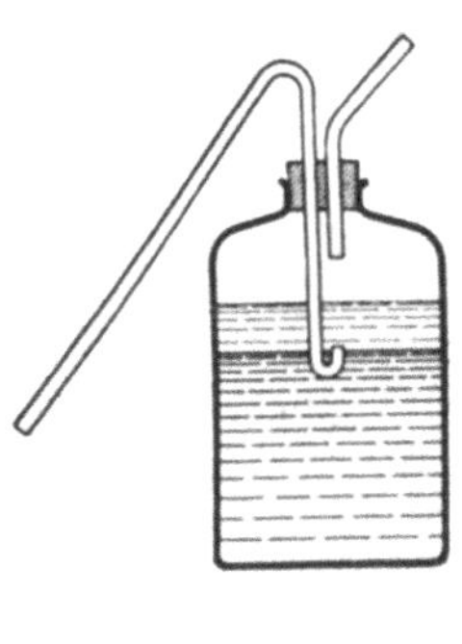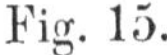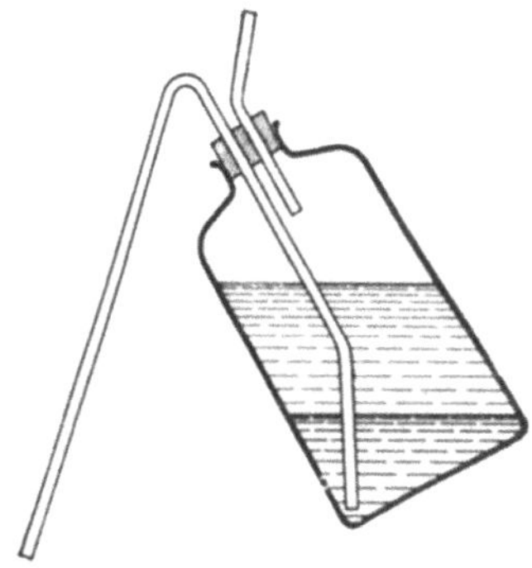

Fig. 15.   Fig. 16.

endigenden Rohres in Wirkung gesetzt. Soll die untere Schicht
abgehebert werden, so muß das zweite Rohr, das durch den Kork
führt, bis zum Boden des Gefässes reichen (s. Fig. 16). Um die
obere Schicht abzuhebern, wird dieses zweite Rohr am unteren
Ende etwas ausgezogen, nach oben umgebogen und so angebracht,
daß sich die Öffnung dicht über der Trennungsfläche der Flüssigkeitsschichten befindet (s. Fig. 15).

Ist das Menstruum schwerer als die auszuschüttelnde Flüssigkeit, so bedient man sich zweckmäßiger der in Fig. 17 abgebildeten Konstruktion mit Ablaßrohr, welche natürlich auch im
gegenteiligen Fall benutzt werden kann. Die Wirkung ist aus der
Figur ersichtlich. Man siehe sonst Lassar-Cohn, S. 6. Dieser
Apparat kann durch eine Dekantierflasche ersetzt werden,
welche dicht über dem Boden mit einem Tubus versehen ist.
Im Tubus wird durch einen Kork ein Abflußrohr mit Hahn befestigt.

Die obenerwähnten Ausschüttelungsapparate haben gegenüber Scheidetrichtern auch noch den Vorteil, daß darin bequemer
warme Flüssigkeiten geschüttelt werden können.

Für längeres Ausschütteln hat man Schüttelmaschinen
konstruiert, wovon in Fig. 18 eine abgebildet ist. Für weitere
Einzelheiten verweise ich auf Lassar-Cohn.

Wenn der auszuschüttelnde Körper erst durch Zusatz von
Reagentien aus einer Verbindung frei gemacht werden muß,
so empfiehlt es sich im allgemeinen, die Lösung vorher mit der
Ausschüttelungsflüssigkeit zu mischen. Dieser Fall kann u. a.
eintreten bei Alkaloiden und Säuren, wenn diese aus ihren Salzen

in Freiheit gesetzt werden müssen. Der vorherige Zusatz von
Extraktionsflüssigkeit gewährt einmal den Nutzen, daß bei
leicht zersetzlichen Substanzen ein Überschuß des Reagens
nicht sogleich schadet, dann aber, daß viele Körper sich in dem

Fig. 17.   Fig. 18.

Augenblick, da sie frei werden, viel leichter lösen (vgl. auch
S. 5).

Manchmal verzögern Stoffe wie Schleim, Zucker usw. die
richtige und rasche Trennung der Flüssigkeitsschichten; oder auf
der Grenzfläche schwimmen Flocken: die sogenannte Emul-
sionsbildung. Oft beseitigt der Zusatz einiger Tropfen Alkohol
die Emulsion; fast immer verschwindet der Übelstand durch
Abfiltrieren an der Saugpumpe. Für die vielen Einzelfälle verweise ich auf Lassar-Cohn.

In diesen schwierigen Fällen ziehe ich meist vor zu perforieren
statt auszuschütteln. In einem Perforator (siehe auch
S. 12) geschieht die Extraktion in der Weise, daß die Ausschüttelungsflüssigkeit die Lösung in einzelnen Tropfen durch-
streicht, gesättigt in einen Empfänger abfließt, welcher erwärmt
wird, während die kondensierten Dämpfe kontinuierlich durch
die Lösung geleitet werden. Einzelheiten dieser übrigens wenig
angewandten Arbeitsmethode finden sich bei Lassar-Cohn.

Ein wichtiges Hilfsmittel beim Ausschütteln bietet das
gleichzeitige Aussalzen (vgl. auch 14). Viele Stoffe
sind in einer konzentrierten neutralen Salzlösung weit schwieriger

löslich als in reinem Wasser und können durch Zusatz dieser Salze aus ihren wässerigen Lösungen abgeschieden werden (vergleiche die Präparate **31 u. a.**, und Gerbstoffe S. 86), während zu gleicher Zeit die Ionisation zurückgedrungen wird.

Als solche Salze verdienen besonders Kochsalz und Ammoniumsulfat Erwähnung. Beim Ausschütteln bietet das Aussalzen also den unschätzbaren Vorteil, daß der Teilungskoeffizient (s. S. 13) verkleinert wird und sich die Löslichkeit von Flüssigkeiten, wie Äther in Wasser, vermindert. Im allgemeinen setze man etwa 20 % Kochsalz zu der auszuschüttelnden Flüssigkeit.

Destillation.

Unter Destillation versteht man die Überführung einer Substanz in den Dampfzustand durch Zuführung von Wärme und darauf folgende Wiederverdichtung des Dampfes durch geeignete Abkühlung.

Sie bezweckt die Trennung flüchtiger Substanzen von nicht flüchtigen (gewöhnliche Destillation) oder von flüchtigen Substanzen mit verschiedenem Siedepunkt (fraktionierte Destillation). Man unterscheidet weiter Destillation bei Atmosphärendruck — welche auch gewöhnliche Destillation genannt wird — und Destillation im luftverdünntem Raum, die sog. Vakuumdestillation, wozu auch die Wasserdampfdestillation gehört (26).

Eine ganz abweichende Art der Destillation bietet uns schließlich die Trockendestillation (29).

Sämtliche Destillationsvorrichtungen bestehen aus drei Teilen:

1. dem Destillationsgefäß — darin wird die Flüssigkeit durch Erhitzen in Dampf übergeführt —;

2. der Kühlvorrichtung, worin der Dampf sich wieder verdichtet;

3. der Vorlage, worin der verdichtete Dampf (das Destillat) gesammelt wird.

Als Destillationsgefäß verwendet man im wissenschaftlichen Laboratorium besonders (Destillier-, Fraktionier-)Kolben; für Vakuumdestillation auch Porzellan- oder Metallkessel (Fig. 25).

Der Destillierkolben soll langhalsig sein, damit die Steighöhe für den Dampf nicht zu gering sei. Bei kurzhalsigen Destillierkolben spritzt leicht Flüssigkeit in die Vorlage hinüber.

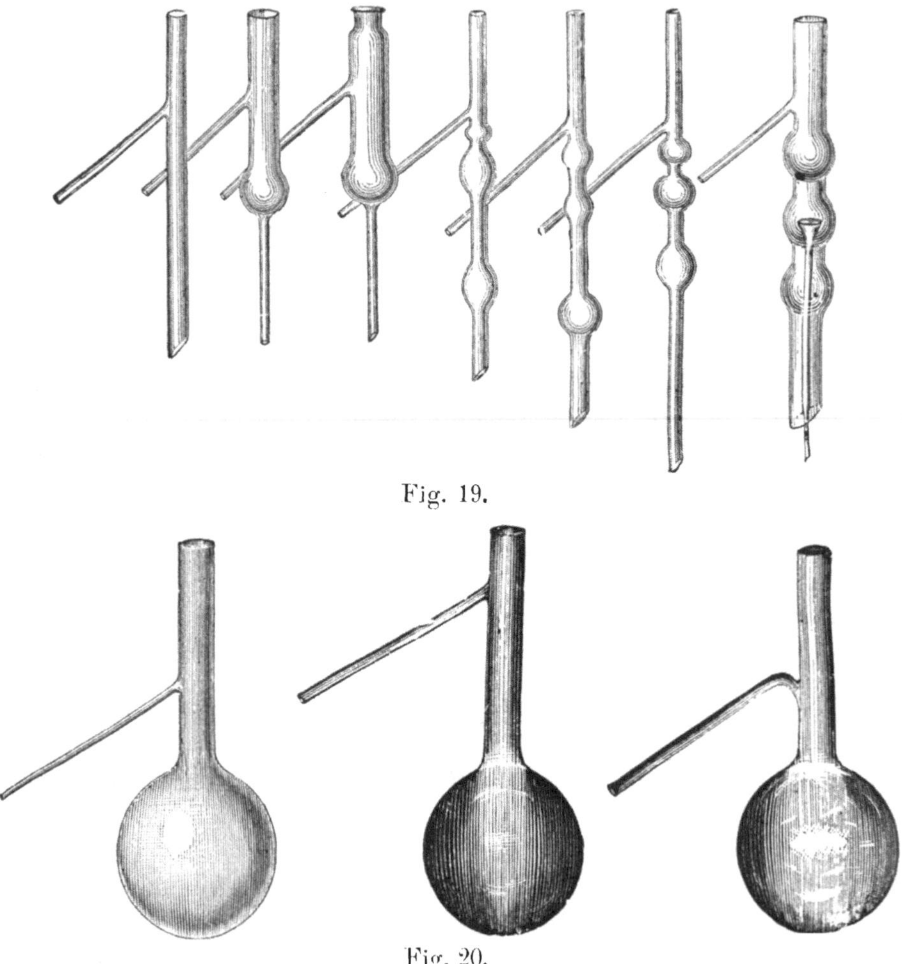

Fig. 19.

Fig. 20.

Außerdem gelingt in solchen Apparaten die Trennung von Flüssigkeiten mit verschiedenem Siedepunkt am besten. Es ist daher bisweilen ratsam, die Steighöhe durch ein Destillierrohr oder Siederohr (Fig. 19) oder einen Destillieraufsatz nach Reitmar zu verlängern, was aber bei Fraktionierkolben (Fig. 20) überflüssig ist. Diese besonders empfehlenswerten Destillationsgefäße bestehen aus Rundkolben, in deren Hals ein seitliches Ansatzrohr (Kondensationsrohr) eingeschmolzen ist. Dieses Rohr kann in verschiedener Entfernung von der Kugel angebracht sein (Fig. 20). Bei der Destillation niedrig siedender Flüssigkeiten verwende man einen Kolben mit hochsitzendem (s. oben), bei hoch siedenden einen solchen mit tiefsitzendem Ansatzrohr.

Destillationsgefäße sollen im allgemeinen nicht mehr als zu $^2/_3$ gefüllt werden.

Falls der Destillationskolben in eine Klammer eingespannt werden muß, ziehe man diese nicht zu fest an. Bei Fraktionierkolben bringe man sie möglichst weit oberhalb des Ansatzrohres an, um ein Springen des Kolbens zu verhüten.

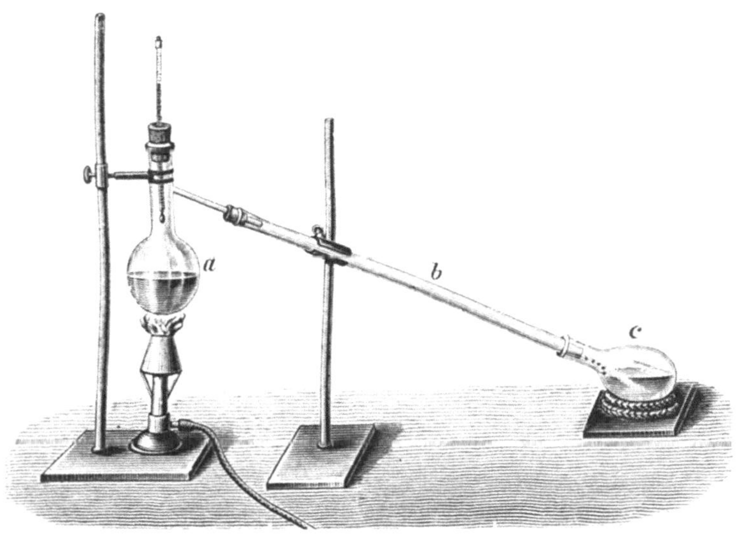

Fig. 21.

Um während der Destillation die Temperatur des übergehenden Dampfes zu bestimmen, wird ein Thermometer in das Destillationsgefäß eingesenkt, und zwar durch den Kork hindurch, womit das Gefäß verschlossen ist. Bei genauen Siedepunktsbestimmungen soll sich der ganze Quecksilberfaden im Dampf befinden, bei einer weniger genauen Destillation befinde sich das Quecksilberreservoir unmittelbar unter dem Kondensationsrohr und reiche nicht etwa bis in die Kugel des Kolbens oder gar in die siedende Flüssigkeit hinab.

Als zweiten Teil der Destillationsvorrichtung nannten wir die Kühlvorrichtung. Der Kolben wird damit durch ein gebogenes Glasrohr — oder bei Destillierröhren und Fraktionierkolben durch das Seitenrohr derselben — gut schließend ver-

2*

bunden und die entwickelten Dämpfe in geeigneter Weise kondensiert. Im allgemeinen soll die Kühlung so vollkommen sein, daß das Destillat fast kalt in die Vorlage gelangt, damit keine Verluste eintreten. Eine Ausnahme bilden feste Substanzen, wobei zu beachten ist, daß die übergehenden Dämpfe bei zu starker Kühlung wieder erstarren und den Kühler verstopfen.

Bei hoch siedenden Stoffen (etwa über 200⁰) reicht das Kondensationsrohr (z. B. des Fraktionierkolbens) zur Kühlung aus. Bei über 150⁰ siedenden Flüssigkeiten wird Luftkühlung, durch ein in Fig. 21 veranschaulichtes sog. Verlängerungsrohr

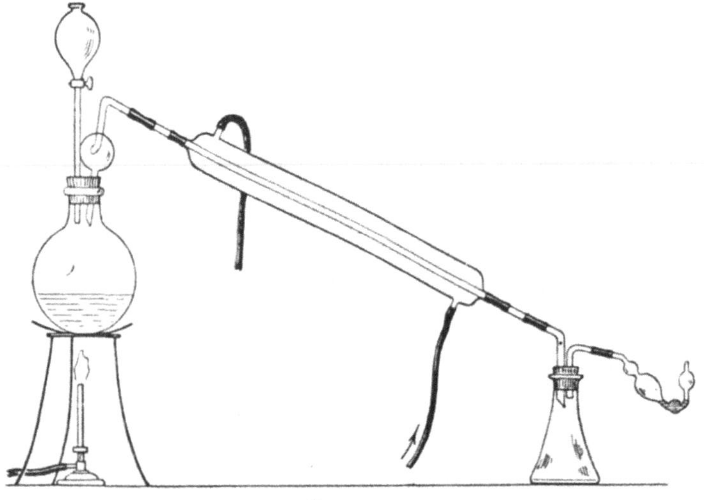

Fig. 22.

unterstützt, ausreichen. Bei zwischen 100⁰ und 200⁰ siedenden Flüssigkeiten genügt es meistens, die Vorlage durch fließendes Wasser zu kühlen, wobei dieselbe durch einen Kork mit dem Kondensationsrohr des Fraktionierkolbens verbunden wird. Fig. 24 veranschaulicht eine praktische Anordnung für diese Destillation.

Weitaus am gebräuchlichsten ist der Liebigsche Kühler (Fig. 22). Je nachdem die Temperatur der übergehenden Dämpfe niedriger oder höher liegt, wählt man denselben länger oder kürzer und kühlt schneller oder langsamer. Ist eine sehr sorgfältige Abkühlung erforderlich, so zieht man manchmal einen Schlangenkühler o. d. (s. Fig. 9) vor.

Als Vorlage, worin das Destillat aufgefangen wird, kann jedes passende Gefäß Verwendung finden. Wenn Kühler und Vorlage nicht direkt miteinander verbunden werden können,

so bedient man sich eines Vorstoßes oder Allonges, d. h.
verschieden konstruierter Glasröhren, die mittels durchbohrter
Korke oder eines Gummischlauches in oder über die entsprechenden
Teile des Kühlers oder der Vorlage geschoben werden. (Fig. 22.)

Bei den meisten Substanzen gehen bei der Destillation
unterhalb und oberhalb des richtigen Siedepunktes kleine Anteile
über (Vorlauf und Nachlauf), die gesondert aufgefangen und
gewöhnlich entfernt werden.

Vor Beginn der Destillation überzeugt man sich, ob die Kork-
und Kautschukverbindungen gut schließen. Dann beginnen
wir das Destillationsgefäß zu erhitzen. Dies geschieht je nach dem
Siedepunkt der betreffenden Flüssigkeit auf dem Wasserbade,
im Luft-, Öl-, Sand-, Paraffinbad, oder schließlich über freier
Flamme, wobei das Gefäß durch Fächeln mit der Flamme möglichst gleichmäßig erwärmt wird, bis die Flüssigkeit siedet. Dann
kann man die Flamme regulieren und ruhig unter den Kolben
stellen.

Im allgemeinen reguliere man die Größe der Flamme beim
Destillieren so, daß die Flüssigkeit tropfenweise überdestilliert.

Bei feuergefährlichen Substanzen verwende man ein Sicherheitsnetz (vgl. weiter S. 9).

Bei phytochemischen Präparaten wird die Destillation
wohl am häufigsten angewendet, um Lösungsmittel abzudestillieren,
wobei sich öfters Siedeverzug unangenehm geltend macht. Siedeverzug heißt das Stoßen und Aufspritzen der erhitzten Flüssigkeit, welches dadurch entsteht, daß der Kolbeninhalt infolge seiner
schlechten Wärmeleitungsfähigkeit an gewissen Stellen über seinen
Siedepunkt erhitzt wird. Von diesen Stellen aus bilden sich dann
auf einmal große Dampfblasen, wobei die Flüssigkeit leicht über-
spritzt. Um dem vorzubeugen, bringt man gut gereinigte Stückchen Bimsstein, Glaskapillaren oder besonders porösen Stein
(z. B. Koks oder Tonsplitter) in das Destillierkölbchen. Zweckmäßig erweist sich ferner auch ein zwischen Kork und Kolben
gehängter, bis auf den Boden hinabreichender, faseriger Faden,
ein sog. Siedefaden.

Ist die Menge der gelösten Substanz gering im Verhältnis
zum Lösungsmittel, so destilliere man aus einem kleinen Kolben
und lasse in dem Maße, wie die Flüssigkeit überdestilliert, aus
einem Scheidetrichter von der Lösung nachfließen, in der aus
Fig. 22 ersichtlichen Weise. Dieses Verfahren empfiehlt sich
umsomehr, wenn nachher der Rückstand fraktioniert werden soll.

Will man das Destillat einer zweiten Destillation (Rektifikation) unterziehen, so fängt man es — besonders bei kleineren
Mengen — sogleich in einem Fraktionierkolben auf.

Ein Chlorkalziumrohr an der Vorlage schützt vor Feuchtigkeit
der Luft (s. Fig. 22).

Bei der fraktionierten Destillation hat man selbstverständlich nur dann gute Erfolge, wenn die Siedepunkte der verschiedenen Bestandteile des Gemisches nicht zu nahe beieinander liegen. Eine vollkommene Trennung wird aber auch dann
erst nach wiederholter Rektifikation erreicht.
Als Destillationsgefäße verwendet man hier
vorzugsweise Kolben mit Fraktionieraufsätzen
oder, noch zweckmäßiger, Fraktionierkolben
(Fig. 20, vgl. auch S. 18). Die Steighöhe
der Dämpfe wird dadurch vergrößert, und die
mitgerissenen höher siedenden Anteile können
sich wieder verdichten und zurückfließen.

Außer den einfachen Fraktionieraufsätzen (Fig. 19) ist u. a. der von Hempel
(Fig. 23), welcher mit Glasperlen gefüllt ist, sehr
geeignet, wobei das Erhitzen zeitweise unterbrochen werden muß, damit die zwischen den
Glasperlen angesammelte Flüssigkeit in den
Kolben zurückfließen kann.

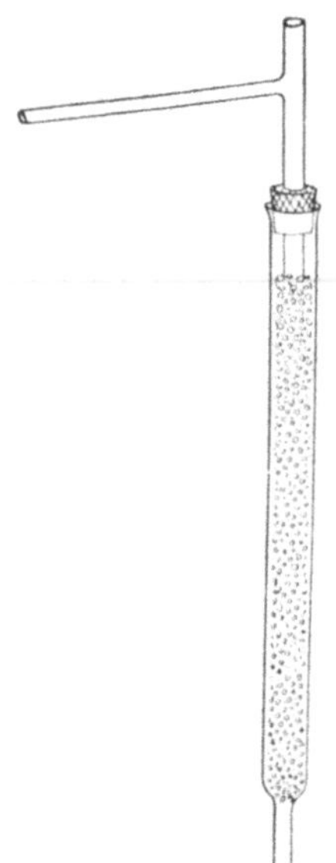
Fig 23.

Manchmal liegen die Siedepunkte von
zu destillierenden Substanzen so hoch, daß
bereits Zersetzungen gewisser Bestandteile
eintreten. Es gibt weiter auch Stoffe,
welche sogar unter 100° leicht zersetzt
werden. Gerade viele Pflanzenstoffe gehören zu den besonders wärmeempfindlichen. Da nun der Siedepunkt eines
Körpers vom äußern Druck abhängt (vgl. S. 50), so kann
man eine wünschenswerte Temperaturerniedrigung erzielen,
indem man diesen Druck herabsetzt: Destillation im luftverdünnten Raum, Vakuumdestillation. Die Mehrzahl der
wärmeempfindlichen Substanzen ist auf diese Weise ohne Zersetzung destillierbar. Verringerung des Druckes wird im wissenschaftlichen Laboratorium gewöhnlich durch eine Wasserstrahlpumpe (von Geißler) bewirkt. Mit einer solchen gut funktionierenden Saugpumpe gelingt es leicht, die Destilliervorrichtung
bis auf einen Druck von etwa 10 mm Quecksilber zu evakuieren.

Der Siedepunkt wird dadurch durchschnittlich auf 100—125⁰
erniedrigt.

Kommt es bei unseren Präparaten auf Gewinnung des
Destillates an, so ist die zu destillierende Flüssigkeitsmenge ge-

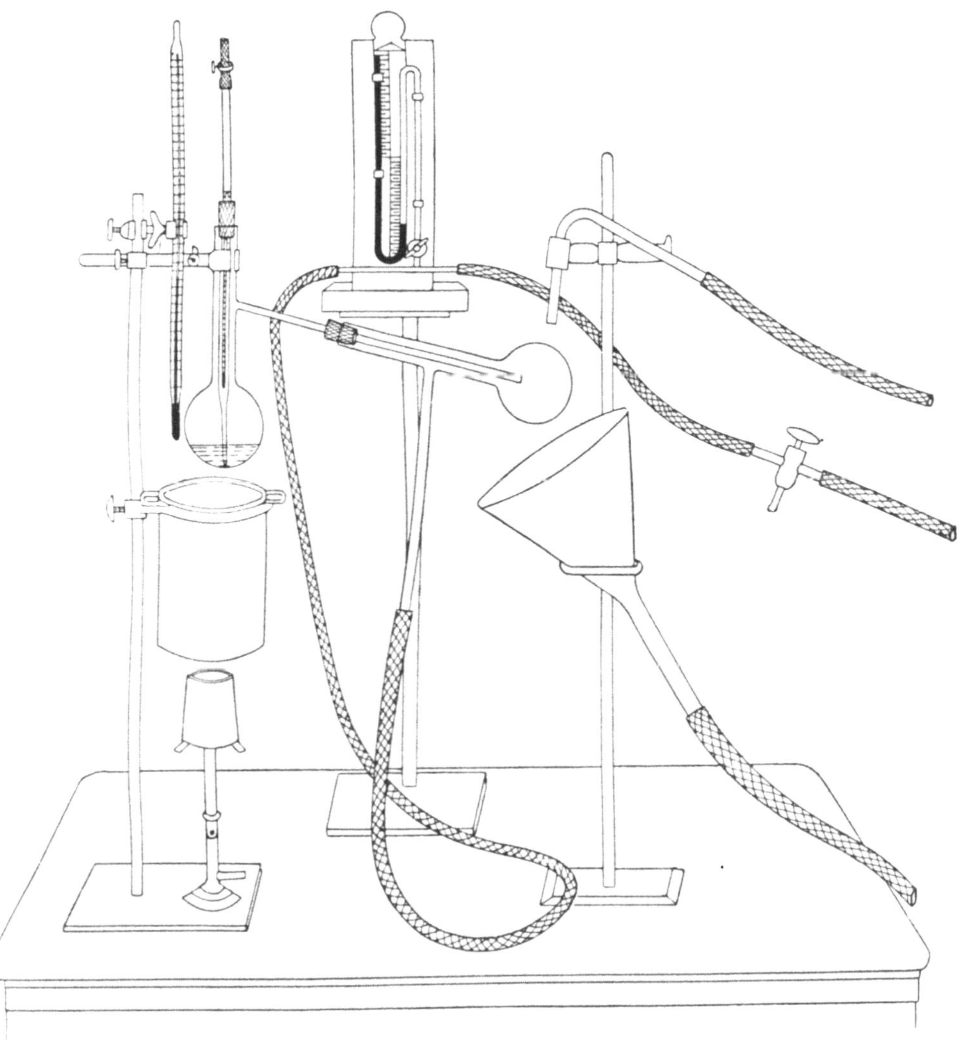

Fig. 24.

wöhnlich gering und der einfache Apparat Fig. 24 alsdann sehr
brauchbar. Er besteht aus zwei miteinander verbundenen
Fraktionierkolben, von denen das freie Seitenrohr des als Vorlage benutzten Kolbens mit der Saugpumpe in Verbindung steht.

Die Vorlage kann nötigenfalls durch aufströmendes Wasser gekühlt werden (Fig. 24).

Um hier sehr häufig eintretenden Siedeverzug zu verhindern, wende man folgende Methode an. Im Destillations-

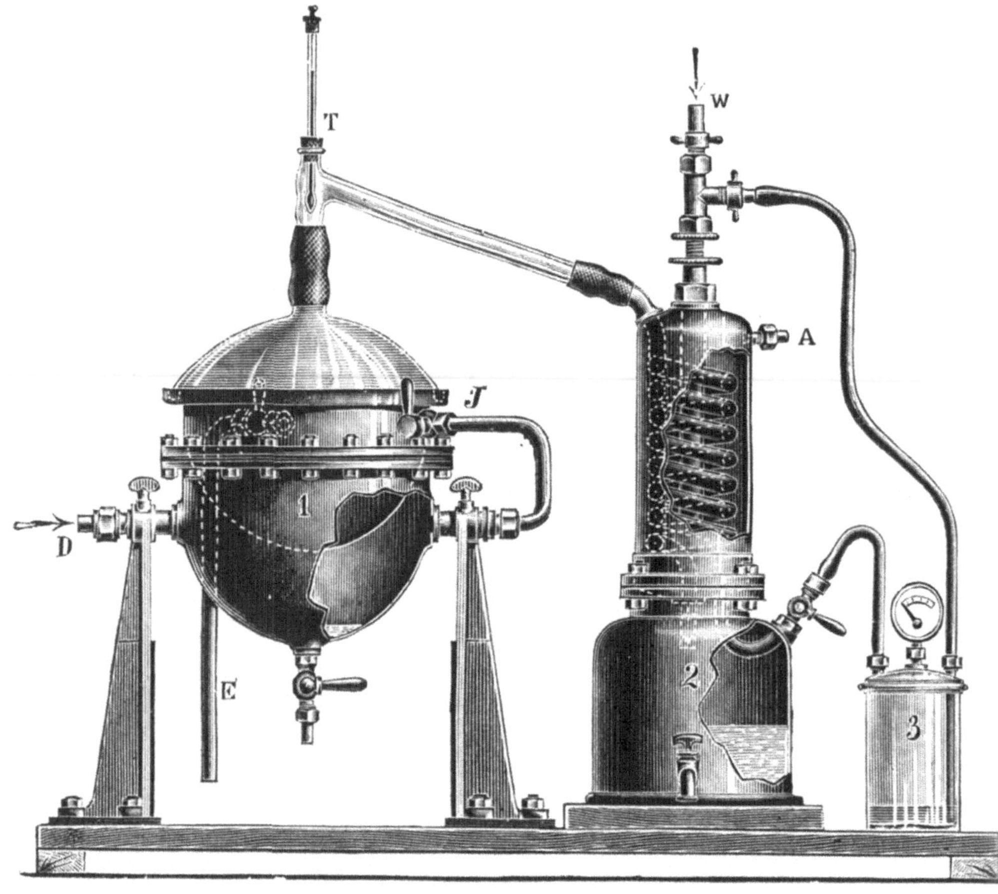

Fig. 25.

kolben setze man in den Kork eine Glasröhre ein, welche bis
auf den Boden des Kolbens hinabreicht und am unteren Ende
zu einer Kapillare ausgezogen ist. Das obere Ende wird mit
Schlauch und Schraubhahn verschlossen und letzterer nach der
Evakuation so reguliert, daß während der Destillation regelmäßig
kleine Luftbläschen durch die Flüssigkeit streichen. Fig. 24
zeigt die ganze Vorrichtung (vgl. weiter S. 21).

Meistens aber wird bei der Isolierung von Pflanzenstoffen
durch Vakuumdestillation gerade auf den Destillationsrückstand

der Hauptwert gelegt. Man muß dann größere Quantitäten einer Lösung verarbeiten (auf Extrakt z. B.) und benutzt dazu dementsprechend größere Apparate (Vakuumapparate), wie sie wohl in keinem pharmazeutischen Laboratorium fehlen (Fig. 25 u. 48). Oft ist auch die S. 22 besprochene Methode zu empfehlen.

Auch bei der fraktionierten Destillation wird verminderter Druck angewendet. Hier ist die Trennung eine schnellere und vollständigere. Gewöhnlich sollen die verschiedenen Fraktionen einzeln aufgefangen werden, ohne das Vakuum aufzuheben und die Destillation zu unterbrechen. Ohne näher auf diese Einzelheiten einzugehen (siehe dafür Buch Nr. 4), sei von den vielen diesem Zweck dienenden Vorlagen der einfache und praktische Apparat von Brühl empfohlen (Fig. 26).

Besondere Beachtung verdient bei Vakuumdestillation der vollständige Luftabschluß der ganzen Vorrichtung. Am bequemsten wird dieser mit Hilfe von Kautschukstopfen und Kautschukschlauch erreicht. Gewöhnliche porenfreie Korke, welche zuvor in der Korkpresse zusammengepreßt und dann sehr sorgfältig durchbohrt sind, können aber ebenso gute Dienste leisten, besonders wenn sie gedichtet werden. Als Dichtungsmittel kommen in Betracht:

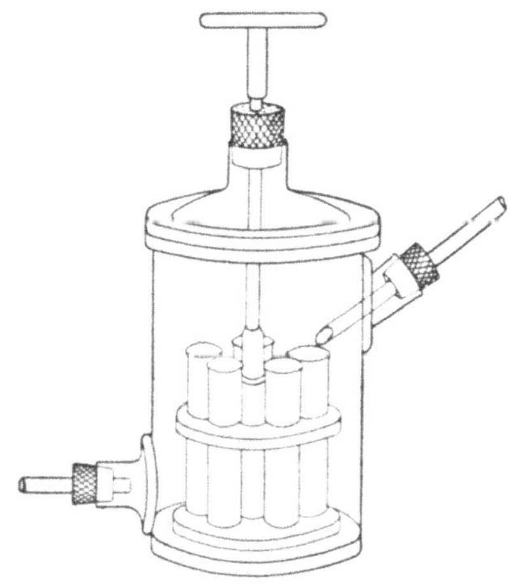

Fig. 26.

1. Fette, Wachs und besonders Paraffin, welche aber alle den Nachteil haben, bei verhältnismäßig niedriger Temperatur zu schmelzen;

2. Kollodium in äther-alkoholischer Lösung, welches nach Verdunstung des Lösungsmittels als dünne, zusammenhängende Schicht zurückbleibt. Dieses vorzügliche Dichtungsmittel wird aber von einigen Stoffen angegriffen, so von Äther.

3. Chromgelatine: 4 T. Gelatine werden 15 Minuten mit 52 ccm Wasser mazeriert, dann auf dem Wasserbade bis zur Lösung erwärmt und 1 g Ammoniumbichromat zugesetzt, nachdem die Lösung eventuell durch Gaze filtriert worden ist. Die zu dichtenden Stellen eines Apparates werden mit dieser Lösung bestrichen und zwei Tage dem Lichte ausgesetzt, worauf man eine ausgezeichnete Dichtung erhält. Vgl. weiter auch S. 10.

Um nun die Vakuumdestillation auszuführen, wird die Saugpumpe durch einen starkwandigen Gummischlauch, einen sog. Druckschlauch, mit der Vorlage der Destillationsvorrichtung verbunden. Durchwegs wird zwischen Pumpe und Vorlage ein abgekürztes Manometer zur Beobachtung des in dem Apparat herrschenden Druckes, eingeschaltet (s. Fig. 24 u. 48). Um zu verhüten, daß infolge wechselnden Wasserdrucks Wasser in das Manometer und die Vorlage eindringt, empfiehlt es sich, zwischen Saugpumpe und Manometer eine dickwandige Vakuumflasche (Fig. 25) oder eine Flasche mit Rückschlagventil einzuschalten. Fig. 24 u. 25 zeigen einige gebräuchliche Zusammensetzungen für Vakuumdestillation. Vorlage, Kühler und Destillationsgefäß müssen sorgfältig und luftdicht miteinander verbunden werden. Um letzteres zu prüfen, setze man bei leerem Kolben die Saugpumpe in Tätigkeit und prüfe, ob ein Vakuum erreicht werden kann, und ob es sich beim Aufheben der Pumpe hält. Man lasse die Luft stets wieder allmählich — nie auf einmal — in den Apparat treten. Das Destillationsgefäß sei hier bis zu höchstens ½ gefüllt.

Wie schon erwähnt (17), wird eine Erniedrigung des Siedepunktes u. a. durch Luftverdünnung erreicht, aber auch durch Destillation mit Wasserdampf, wie aus folgenden Betrachtungen hervorgeht. Zwei Flüssigkeiten, die ineinander absolut unlöslich sind, seien gemengt. Jeder der beiden Bestandteile wird dann bei einer beliebigen Temperatur stets denselben Druck ausüben, wie wenn er allein vorhanden wäre (Daltonsches Gesetz). Diese beiden Dampfdrucke (Partialdrucke) addieren sich somit in ihrer Gesamtwirkung. Da eine Flüssigkeit zu sieden anfängt, wenn der Dampfdruck eben hinreicht, den Atmosphärendruck zu überwinden (s. S. 50), muß demnach die Siedetemperatur des Gemenges unter der des niedriger siedenden Anteils liegen. Hilft doch der Partialdruck des höher siedenden Anteils den Luftdruck überwinden. Daraus geht direkt hervor, daß das Gemenge bei einer umso niedrigeren Temperatur sieden wird, je größer der Partialdruck des höher siedenden Anteils ist.

Die Menge des zu destillierenden Körpers, die vom Dampfstrom mitgenommen wird, ist seinem Dampfdruck und dem Volumen des mitreißenden Gases proportional. Ist B = Barometerstand, p = der Dampfdruck der zu destillierenden Substanz bei der Temperatur der Destillation, so stehen die Volumen v des zu destillierenden Körpers und V des Wasserdampfes, im

Dampfgemisch im Verhältnis der Partialdrucke, also $\dfrac{p}{B-p}$,

und ist $v = V\dfrac{p}{B-p}$, somit ergibt dieses v mit der Dampfdichte multipliziert das Gewicht der überdestillierten Menge.

Als Beispiel sei hier die im bekannten Werke von Gildemeister und Hofmann beschriebene Wasserdampfdestillation des Kümmelöls angeführt. Dieses stellt meist ein Gemisch von Limonen und Karvon in ziemlich gleichem Gewichtsverhältnis dar (s. 26). Seine Siedetemperatur bei Destillation mit Wasserdampf unter Atmosphärendruck (760 mm) ist wenige

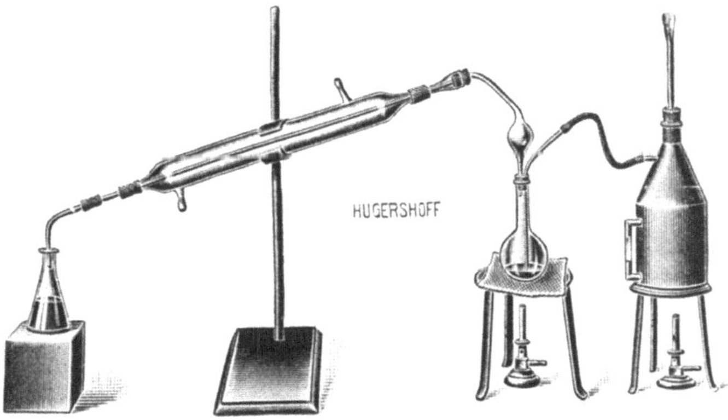

Fig. 27.

Grad unter 100^0, zuletzt nahezu 100^0. Der Dampfdruck von Limonen (Molekulargewicht 136) beträgt bei $57,5^0$ 12 mm, der des Wassers (Mol.-Gew. 18) bei derselben Temperatur 132 mm. Daraus läßt sich nach dem Daltonschen Gesetz berechnen, daß bei $57,5^0$ auf 100 g Wasser im Destillat 70 g Limonen kommen. Bei 176^0, dem Siedepunkt des Limonens bei 760 mm, besitzt das Wasser einen Dampfdruck von 6962 mm, so daß mit 100 g Wasser bei 176^0 83 g Limonen überdestillieren würden. Hiernach würden bei 96^0 (ungefähr der Anfangssiedetemperatur bei der Wasserdampfdestillation von Kümmelöl) auf 100 g Wasser im Destillat nach ungefährer Berechnung etwa 75 g Limonen entfallen. Ein Versuch ergab 60 g.

Für Karvon (Mol.-Gew. 150) gestaltet sich die Berechnung einfacher, weil sein Dampfdruck bei $104,1^0$ bekannt ist (12 mm). Der des Wassers ist bei $104,1^0$ 880 mm, so daß im Destillat auf 100 g Wasser 11 g Karvon entfallen. Ein Versuch ergab 9 g.

Bei Atmosphärendruck werden also theoretisch zu Beginn der Destillation mit je 100 g Wasser 75 g Öl übergehen, fallend bis auf 11 g Öl, sobald reines Karvon vorliegt. Aber praktisch geht auch zu Anfang schon Karvon mit hinüber. Eine Bestimmung gab folgende Zahlen: zu Anfang der Destillation auf 100 g Wasser 37 g Öl, über die Mitte hinaus 9 g.

Die Wasserdampfdestillation ist nun für phytochemische Arbeiten und die Technik besonders wichtig.

Gewöhnlich wird in der Praxis die Mischung nicht auf Siedetemperatur erhitzt, sondern Wasserdampf hindurchgeleitet. Bei geringen Flüssigkeitsmengen eignet sich dafür der in Fig. 27 abgebildete Apparat. Den Dampf entwickelt man in einem Kupfertopf (mit Sicherheitsrohr). Steht Zentraldampfheizung zur Verfügung, so wird der Dampf dieser entnommen. Der Destillierkolben soll höchstens bis zur Hälfte gefüllt sein, und die Glasröhre zur Zuführung des Wasserdampfes fast bis auf den Boden des Kolbens reichen. Es ist überflüssig, den Kolben mit der Mischung schräg zu stellen — wie in älteren Lehrbüchern stets empfohlen wird —, zumal wenn man zum Einleiten

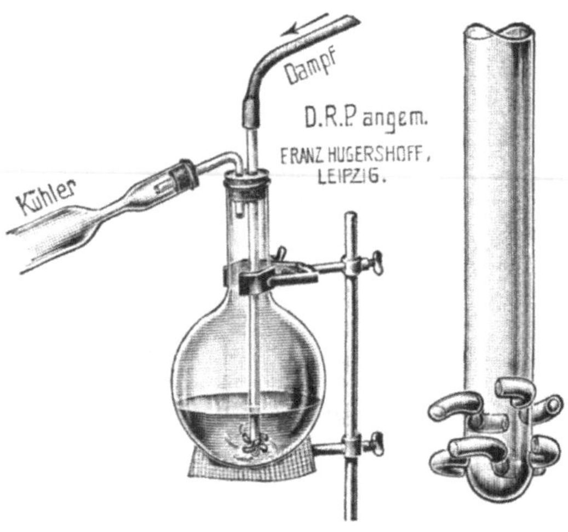

Fig. 28.

ein Glasrohr benutzt, das am unteren, zugeschmolzenen Ende vier seitliche Öffnungen besitzt. Überdies wird dadurch die Destillation sehr beschleunigt. Die Rohre sind leicht selbst anzufertigen. Ähnliche Dampfeinleitungsröhren nach Stolzenberg sind im Handel. Diese haben, seitlich angesetzt, hakenförmig gebogene Röhrchen mit feinen Öffnungen, was den Vorteil hat, daß nicht allein die Stoßwirkung aufgehoben, sondern die Flüssigkeit auch in intensiver Berührung gebracht wird. (Fig. 28.)

Bei Beginn der Arbeit erwärme man Dampfapparat und Destillierkolben zu gleicher Zeit, ohne sie zu verbinden. Wenn der Dampfapparat auf Siedetemperatur gekommen ist, reguliere man den Dampfstrom und verbinde den Apparat nun erst mit dem Destillationskolben. Man mache es sich zur Gewohnheit, zum Erhitzen des Destillationskolbens ein Wasser-, Öl-, Sandbad o. dgl., nicht aber die freie Flamme zu benutzen (Gefahr des Platzens).

Viel bequemer — besonders bei größeren Mengen Material — ist ein Apparat, wie uns ein Sterilisator diesen darbietet, d. h. also eine Konstruktion mit Siebboden, die leicht auseinander zu schrauben ist. Auf den Siebboden wird, in Tuch gebunden, das Material gelegt. In der untern Abteilung des Sterilisators wird Dampf entwickelt, der durch das Material streicht. Gefahr des Anbrennens besteht auf diese Weise nicht. Oben angeführte kupferne Vorrichtungen sind im Handel erhältlich, ein Sterilisator, der wohl in jedem pharmazeutischen Laboratorium vorhanden sein dürfte, genügt jedoch.

Bei schwer flüchtigen Substanzen wird vorteilhaft überhitzter Wasserdampf angewandt. Dieser wird einem Kessel mit gespanntem Wasserdampf entnommen, wenn ein solcher zur Verfügung steht. Sonst wird zwischen Dampfentwickler und Destillierkolben ein sog. „Dampfüberhitzer" eingeschaltet, der aus einem konisch gewundenen Kupferrohr besteht, in dessen Innern man einen Brenner aufstellt (Fig. 29). Oft befindet sich am Apparat ein Seitenrohr zur Aufnahme eines Thermometers.

Zusatz von löslichen, nicht flüchtigen Substanzen (z. B. Kochsalz) verkleinert bekanntlich die Dampfspannung von Wasser, und die Partialspannung des überzutreibenden Körpers kann also steigen. Somit destilliert prozentual mehr der gewünschten Substanz hinüber, zu gleicher Zeit verringert ein solcher Zusatz oft die Löslichkeit des gewünschten Körpers und drängt seine Ionisation zurück.

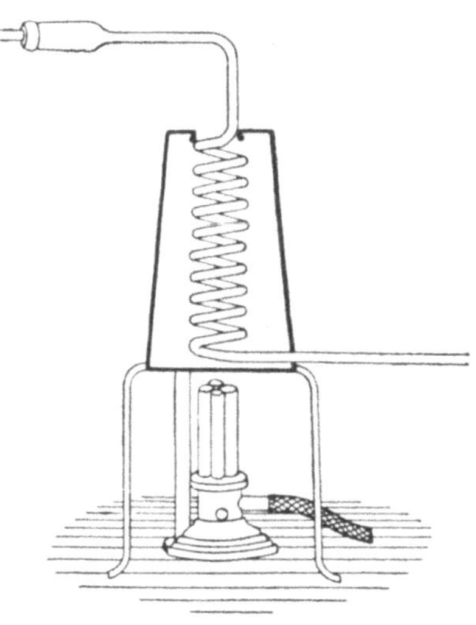

Fig. 29.

Die trockene Destillation möchte ich hier nur kurz wegen ihrer historischen Bedeutung erwähnen. Auch wird sie bei Untersuchungen über Molekularaufbau angewandt. Die dabei eintretenden Zersetzungen führen oft zu weitgehenden Spaltungsprodukten. Das geeignetste Gefäß für die Trockendestillation ist die Retorte. Zur Heizvorrichtung eignet sich ein Graphitbad am besten, das langsam angeheizt eine gute Ausbeute liefert.

Sublimation.

Beim Sublimieren wird ein fester Körper durch Erhitzen in Dampf übergeführt, welcher sich an kälteren Stellen wieder zu einem Sublimat verdichtet. Nur verhältnismäßig wenig Körper sind bei gewöhnlichem Drucke unzersetzt sublimierbar (v. d. Pflanzenstoffen z. B. Benzoesäure und Kampfer), weshalb sich diese Eigenschaft besonders eignet, um solche Stoffe von nicht flüchtigen Beimengungen zu trennen.

Für die Ausführung der Sublimation verweise ich nach Benzoesäure (5).

Dialyse.

Als Dialyse bezeichnet man den Trennungsvorgang verschiedener in derselben Lösung vorhandenen Körper mittels Diffusion durch eine Scheidewand von tierischer Haut oder Pergamentpapier. Besonders bei den kristallisierbaren Körpern ist das Diffusionsvermögen groß (Kristalloide), bei den amorphen, manchmal gallertartigen Kolloiden ist es sehr gering. Von den vielen Dialysierapparaten, Dialysatoren genannt, sei hier nur derjenige erwähnt, welche in Fig. 30 abgebildet ist.

Er besteht aus einem Glaszylinder (Exarysator), mit Einsatzgefäß (Dialysator), mit eingezogenem Rande zur Befestigung der Membrane.

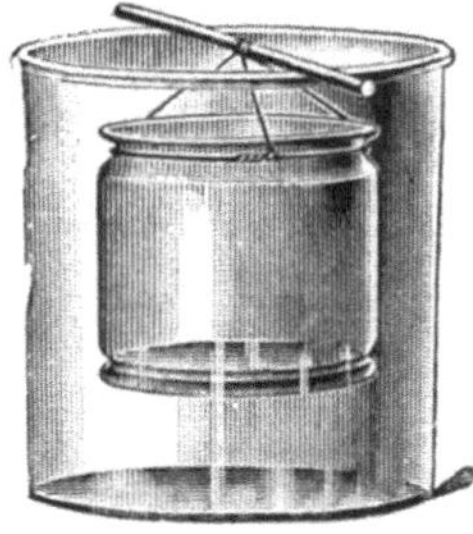

Fig. 30.

Man verwende starkes, fehlerfreies Pergamentpapier, das gut benetzt wird und dann wie ein Trommelfell über den eingezogenen Rand des Dialysators gebunden wird. Die zu dialysierende Flüssigkeit wird hineingebracht und der Dialysator in den mit dem doppelten Volumen Wasser gefüllten Exarysator so tief eingesenkt, daß die Flüssigkeiten in beiden Gefäßen etwa in gleichem Niveau stehen. Das Wasser muß alle 12 Stunden durch neues ersetzt werden.

Kristalloide (wie z. B. Kochsalz) diffundieren durch das Pergament, während Kolloide, wie die Eiweißstoffe, im Dialysat verbleiben. So wird bei den Präparaten Edestin (49) vom anhängenden Kochsalz u. a. befreit.

Filtration.

Filtration heißt die Trennung von festen und flüssigen Substanzen mittels poröser Scheidewände (Filter). Als solche finden Verwendung Papier, Watte, Asbest, Glaswolle, Leinwand usw., doch wird unter Filter gewöhnlich ein solches aus Papier verstanden. Die durchlaufende Flüssigkeit beim Filtrieren heißt „das Filtrat", die auf dem Filter zurückbleibende feste Masse der „Filtrationsrückstand" oder der „Filterrückstand." Stets befeuchte man die Filter vorher mit dem zu filtrierenden Lösungsmittel.

Das Kolieren ist eine bei phytochemischen Arbeiten sehr gebräuchliche primitive Art des Filtrierens. Man legt ein angefeuchtetes Tuch (Koliertuch) auf eine Schale (bzw. eine spezielle Kolierschale), gießt die zu kolierende Masse darauf, wäscht den festen Körper nach und preßt eventuell die anhängende Flüssigkeit aus. Hat man größere Mengen zu kolieren, so empfiehlt es sich, das Tuch auf einen Kolierrahmen (Tenakel, Fig. 31) zu spannen.

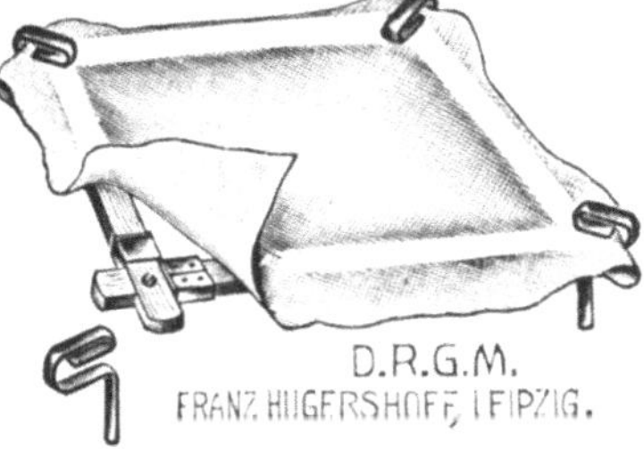

Fig. 31.

Bei präparativen Arbeiten handelt es sich gewöhnlich darum, große Massen tunlichst schnell zu filtrieren. Es ist somit von Wichtigkeit zu wissen, welche Faktoren die Geschwindigkeit der Filtration beeinflussen.

Diese sind: 1. die Größe der Filterporen, 2. der treibende Druck, 3. die Größe der Filtrationsfläche, 4. die Temperatur. Sie wächst mit allen vier Faktoren.

Zu 1. Es ist klar, daß größere Filterporen die Filtration beschleunigen. Andrerseits muß aber die Trennung von festen und flüssigen Körpern eine möglichst vollständige sein. Die Poren müssen somit kleiner sein als die kleinsten Teile des festen Körpers. In der Praxis wird man daher auf grobkörnige feste Körper hinarbeiten.

Zu 2. Der treibende Druck wird gesteigert, indem man die im Trichter stehende Flüssigkeitssäule höher macht, d. h. soviel Flüssigkeit zusetzt wie nur möglich, oder aber indem man die Flüssigkeitssäule, d. h. den Stiel des Trichters, unterhalb des Filters verlängert, was aber nur dann zutrifft, wenn das Filter dicht gegen den unteren Röhrenteil schließt.

Auf demselben Prinzip, d. h. Verminderung des Drucks unter dem Filter, beruht auch die in der Praxis sehr viel angewandte Filtration unter vermindertem Druck.

Zu 4. Die Filtrationsgeschwindigkeit wächst mit der Temperatur, weil die innere Reibung der Flüssigkeitsmoleküle damit kleiner wird. U. a. erwähnt W. Ostwald[24]) in seinem bekannten Buche als Beispiel, daß diese innere Reibung bei Wasser von 100° sechsmal kleiner ist als bei Wasser von 0°. Folglich empfiehlt es sich, stets so heiß zu filtrieren, wie die Umstände es nur erlauben.

Unter Berücksichtigung dieser Gesichtspunkte wählt man seine Filtrationsmethode, je nachdem es auf die Gewinnung des Filtrates oder des Filterrückstandes ankommt (s. unten).

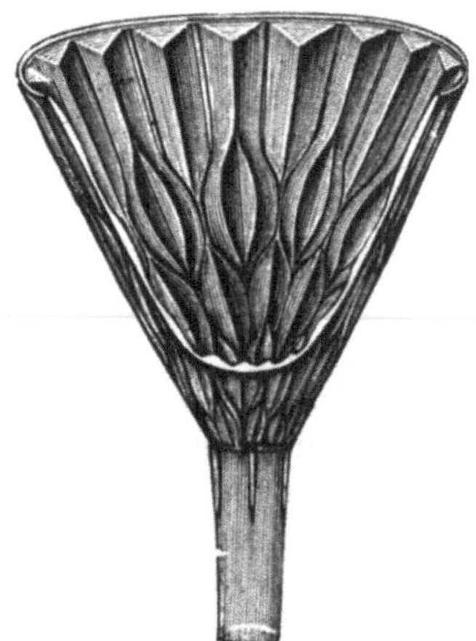

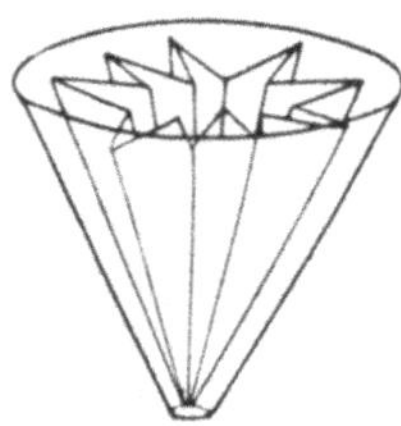

Fig. 32.   Fig. 33.   Fig. 34.

Beim Filtrieren leicht flüchtiger Substanzen bedecke man den Trichter mit einer Glas- oder Papierplatte, ich möchte besonders zwischen zwei Reifen (Fig. 32) geklammertes Pergamentpapier empfehlen.

Bezweckt man die Gewinnung des Filterrückstandes, so nimmt man meist glatte Filter, d. h. zu einem Viertelkreise zusammengefaltete Papierscheiben. Kommt es auf quantitatives Arbeiten an und ist der Niederschlag ziemlich feinkörnig, so bedient man sich dichten Filtrierpapiers. Sonst nimmt man zur rascheren Filtration vorzugsweise poröses Papier. Um größere Flüssigkeitsmengen schnell zu filtrieren, koliert man (s. S. 31) oder benutzt Stern- (Falten-) filter (Fig. 33) aus porösem Papier. Da größere Formen der letztern sehr leicht reißen, können zum gleichen Zwecke Rippentrichter (Fig. 34) empfohlen werden, d. s. Trichter, welche in der innern Höhlung vorstehende Rippen tragen. In beiden Fällen liegt das Filter nicht überall dem Trichter an. Es bleiben im Gegenteil Ablaufrinnen für das Filtrat frei, so daß die Filtrationsfläche vergrößert, die Filtration also beschleunigt wird. Der Filtrationsrückstand kann hier aber nur unvollkommen ausgewaschen werden.

Zum Festhalten der Trichter benutzt man manchmal **Filtriergestelle** (Fig. 35 und 36).

Zur Filtration heiß gesättigter Lösungen — beim Umkristallisieren z. B. — bedient man sich zweckmäßig eines Trichters, dessen Abflußrohr dicht unter dem konischen Teile abgeschnitten ist (Fig. 33).

Beim praktischen Filtrieren beachte man folgende Regeln:

a) Man wähle zuerst einen passenden Trichter.

b) Das Filter muß wenigstens ½ bis 1 cm unter dem Trichterrande bleiben, sonst kriechen viele Lösungen hinüber.

c) Das Filter soll niemals mehr als bis 1 cm unter dem Filterrande gefüllt werden, sonst kriechen manche suspendierten festen Körper hinüber.

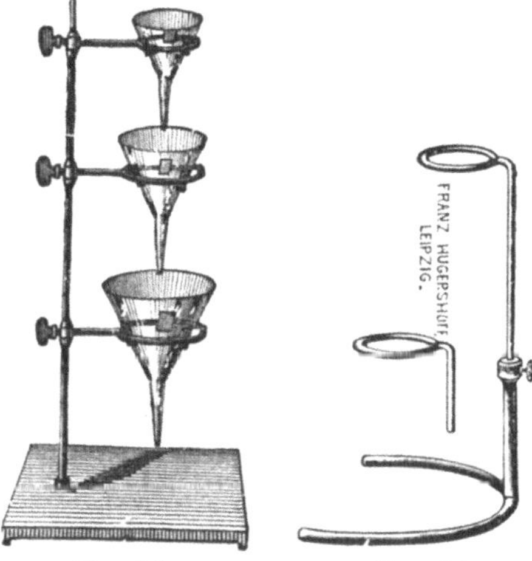

Fig. 35. Fig. 36.

d) Man fette den Rand des Gefäßes, das die zu filtrierende Flüssigkeit enthält, leicht an (z. B. indem man den Finger durch sein Haar und dann den Rand des Gefäßes entlang streicht). Es fließen dann keine Flüssigkeitstropfen an dem Gefäß entlang.

e) Überdies aber lasse man die Flüssigkeit immer an einem Glasstabe entlang auf das Filter laufen, wodurch zu gleicher Zeit das Spritzen verhütet wird.

Man kann das Filtrieren bei präparativen Arbeiten, wenn es auf den Filterrückstand ankommt, dadurch oftmals beschleunigen (besonders bei gelatinösen Niederschlägen), daß man den Niederschlag sich absetzen läßt und die überstehende Flüssigkeit abgießt (Dekantieren).

Für präparative Arbeiten ist zur Beschleunigung die Filtration unter vermindertem Druck besonders geeignet. Die Verringerung des Druckes wird durchweg durch eine Saugpumpe erzielt, welche mit dem Luftabzugrohr der Apparate verbunden wird (vgl. dazu Fig. 37).

Besondere Apparate sind dazu nicht notwendig. Mit einer
Flasche (oder einem dickwandigen Kolben) und einem gewöhnlichen Trichter kann man sich behelfen, indem man auf erstern
einen doppelt durchbohrten Stopfen setzt, der mit einem Trichter
und einem rechtwinklig gebogenen Luftabzugrohr versehen ist.

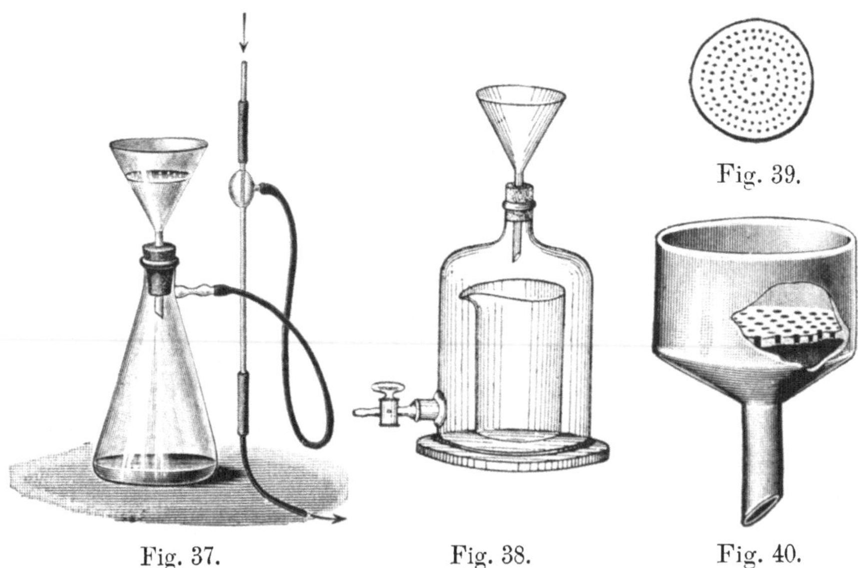

Fig. 39.

Fig. 37.   Fig. 38.   Fig. 40.

Gewöhnlich aber wendet man statt einer solchen Vorrichtung
eine Saugflasche mit seitlich angeschmolzenem Abzugrohr an
(Fig. 37). Als Trichter kann man einen üblichen Glastrichter
und ein enganliegendes Filter benutzen. Die Druckdifferenz
wird so geregelt, daß das Filter nicht reißt, was auch dadurch
verhindert werden kann, daß man zwischen Trichter und Papier-
filter in der Spitze ein kleines Filterchen von Papier, besser
noch von Leinwand legt. Die Spitze des großen Filters wird
dadurch geschützt.

Meistens benutzt man als zweiten Apparat beim Filtrieren
an der Saugpumpe eine Wittsche Siebplatte (Filterplatte),
welche man mit Filtrierpapier umhüllt oder nur bedeckt (Fig. 39)
und in den Glastrichter legt. Die Filtrierfläche wird dadurch
vergrößert, so daß die Filtration noch mehr beschleunigt wird
(vgl. S. 31). Ich ziehe sie im allgemeinen den — ebenfalls sehr
brauchbaren — Buchnerschen Porzellantrichtern, d. s.
Porzellantrichter mit fester Filterplatte, vor, weil sie in jedem
beliebigen Trichter benutzt werden können und viel leichter zu
reinigen sind.

Zur Filtration bei höheren oder niedrigeren Temperaturen, z. B. wenn heiß gesättigte Lösungen oder durch Kälte abgeschiedene Substanzen filtriert werden müssen, bedient man sich vorzugsweise eines Heißwasser- bzw. Eistrichters (Fig. 41, 42 resp. 43, 44).

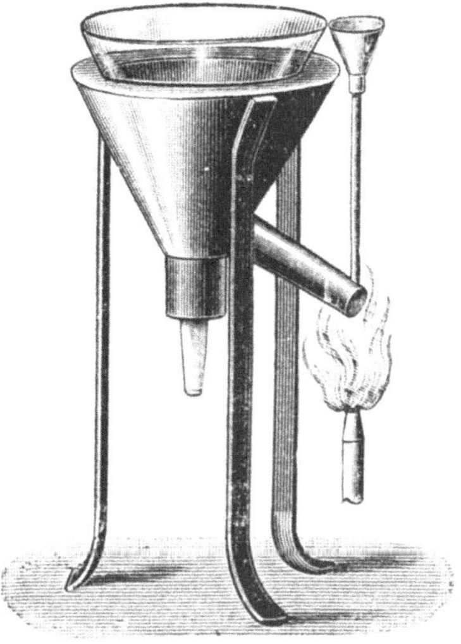

Fig. 42.

Jener wird bei nachstehenden Präparaten mehrmals angewandt (1, 3, 35 u. a.). Steht Dampfleitung zur Verfügung, so empfiehlt es sich, als Heizvorrichtung eine trichterförmig gewundene Kupferröhre zu benutzen, welche der Dampf durch strömt (Fig. 41). Besonders für größere Glastrichter ist diese Vorrichtung sehr geeignet. Beim Eistrichter wird der Mantel (s. Fig. 43 u. 44) mit Eis oder einer Kältemischung gefüllt.

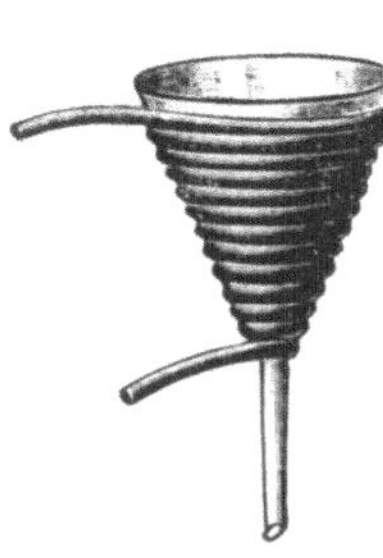

Fig. 41.

In beiden Fällen lassen sich auch sehr bequem die doppelwandigen Dewar-

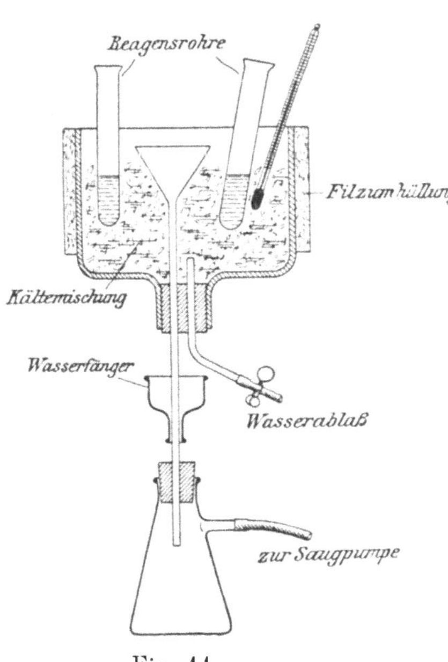

Fig. 44.

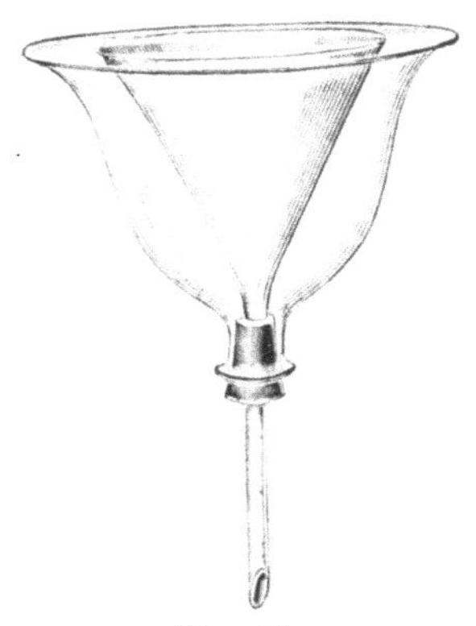

Fig. 43.

schen Trichter verwenden, welche in der Handhabung viel bequemer sind, fast ebenso gute Dienste leisten und Feuersgefahr ausschließen.

Bei der Filtration treten bisweilen folgende Schwierigkeiten ein:

1. Eine Flüssigkeit ist sehr schwer zu filtrieren.

2. Es muß eine kleine Menge eines Niederschlages, der in viel Flüssigkeit suspendiert ist, auf einem kleinen Filter gesammelt werden.

Der erste Fall wird gewöhnlich durch kleine Substanzteile verursacht, welche die Poren des Filters verstopfen. Man kann nun versuchen, diese Teilchen zu vergrößern. Sind es kristallisierbare Körper, so gelingt dies öfters, indem man den Niederschlag längere Zeit mit der Flüssigkeit in Berührung läßt unter leichter Erwärmung. Es beruht dies auf einer Umkristallisation der kleinsten zu größeren Kristallen.

Sind die verstopfenden Teilchen eiweißartige Körper, so führt einfaches Aufkochen gewöhnlich am besten zum Ziel (Koagulation der Eiweißkörper) (vgl. weiter S. 31).

Will man nur das Filtrat sammeln, so erzielt man durch Schütteln mit Talkum venetum, Kieselgur oder dergleichen die besten Resultate. Die kleinen Teilchen werden durch diese meist porösen, Körper mechanisch festgehalten. Auch kann man durch eine dicke Schicht dieser Körper oder von Filtrierpapierpappe filtrieren.

Oder man verwende speziell für diese Zwecke bestimmte Filter, wie sie jetzt vielfach in den Handel gebracht werden.

Bei der Wahl einer der zahlreichen Methoden achte man darauf, den Eigenschaften des zu gewinnenden Körpers möglichst Rechnung zu tragen.

Tritt der sub 2 erwähnte Fall ein, daß man große Flüssigkeitsmengen durch ein kleines Filter filtrieren muß, dann empfiehlt sich folgende bequeme Vorrichtung. Man bringt die zu filtrierende Suspension in einen größeren Scheidetrichter, verschließt denselben mit dem Stöpsel und bringt das untere Stielende auf die gewünschte Höhe in dem vom Trichter eingeschlossenen Raum. Jetzt öffnet man den Glashahn des Scheidetrichters, und man hat einen selbsttätig wirkenden Apparat ähnlich dem früher beim Perkolieren besprochenen (s. 8). Der Stiel des Scheidetrichters darf dabei nicht zu eng sein.

Als besonderes Filtrierverfahren (bei Minderdruck) sei schließlich dasjenige mittels Pukallscher Zellen erwähnt. Es leistet bei schwer filtrierbaren Niederschlägen ausgezeichnete Dienste. Die genannten Zellen sind Gefäße aus hart gebranntem, porösem Ton, besitzen die Form eines Mörserpistills und sind in verschiedenen Größen im Handel. Man setzt mittels eines durchbohrten Kautschukstopfens ein zweimal rechtwinklig gebogenes Rohr in die Öffnung der Zelle, welches in der aus Fig. 45 ersichtlichen Weise mit einer Saugflasche verbunden wird. Die zu filtrierende Flüssigkeit wird in ein nicht zu weites Becherglas gebracht und die Tonzelle in dieselbe bis auf dessen Boden eingetaucht. Der Apparat wird evakuiert, alsdann der Hahn d geschlossen und die Flüssigkeit durch die porösen Wände in die Saugflasche gesogen. Der Niederschlag legt sich mehr oder weniger an der Außenwand des Filters an und ist leicht auszuwaschen und zu entfernen. Das Filtrat ist immer klar.

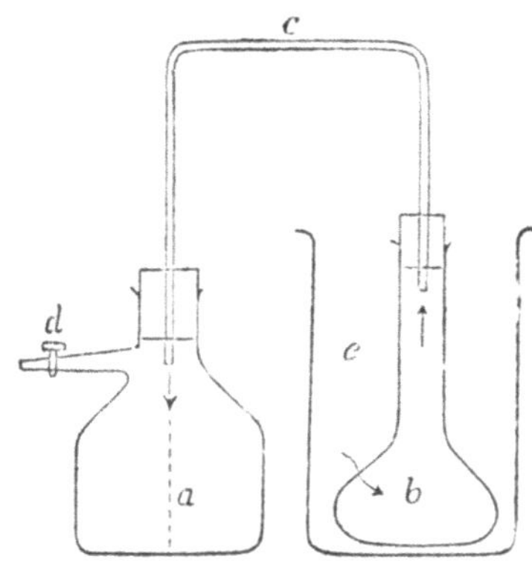

Fig. 45.

Die Filterpressen, wobei Niederschläge unter starkem Druck zwischen große Filtrierflächen gepreßt werden, sind in der Technik sehr gebräuchlich, sind aber in Laboratorien wenig verbreitet. Man vgl. weiter S. 42.

Abdampfen.

Bei der Isolierung von Pflanzenstoffen erhalten wir, wie erwähnt, gewöhnilch zuerst eine Lösung derselben.

Das Verflüchtigen des Lösungsmittels durch Erwärmen in offenen Gefäßen nennen wir Abdampfen. Im Großbetriebe findet es u. a. bei der Herstellung von Extrakten (flüssigen, dickflüssigen und trockenen) vielfache Anwendung.

Die einfachste Art des Abdampfens ist die in flachen Schalen (aus Glas, Porzellan, Steingut, Email u. a.). Für phytochemische Arbeiten werden wir in den meisten Fällen die wenig zerbrechlichen und billigen emaillierten Abdampfschalen anwenden können. Zu beachten ist, daß die Schale nur zu zwei Dritteln gefüllt sein darf und nicht über das Niveau des Inhaltes der Heizquelle ausgesetzt werden soll. Die Verflüchtigung der Flüssigkeit wird durch einen über der Schale angebrachten umgekehrten Trichter gefördert (Fig. 46).

Zur Beschleunigung empfiehlt sich aber besonders fortwährendes Rühren, am besten mit mechanischen Rührvor-

richtungen, (Fig. 47, Antrieb durch Turbine). Das Abdampfen
verläuft auf diese Weise schon bei niederer Temperatur.

Will man wenigstens die Hauptmasse des Lösungsmittels zurückge-
winnen (bei teuren Flüssigkeiten usw.),
so kann man diese zuerst abdestillieren
(S. 17) und schließlich — wenn die

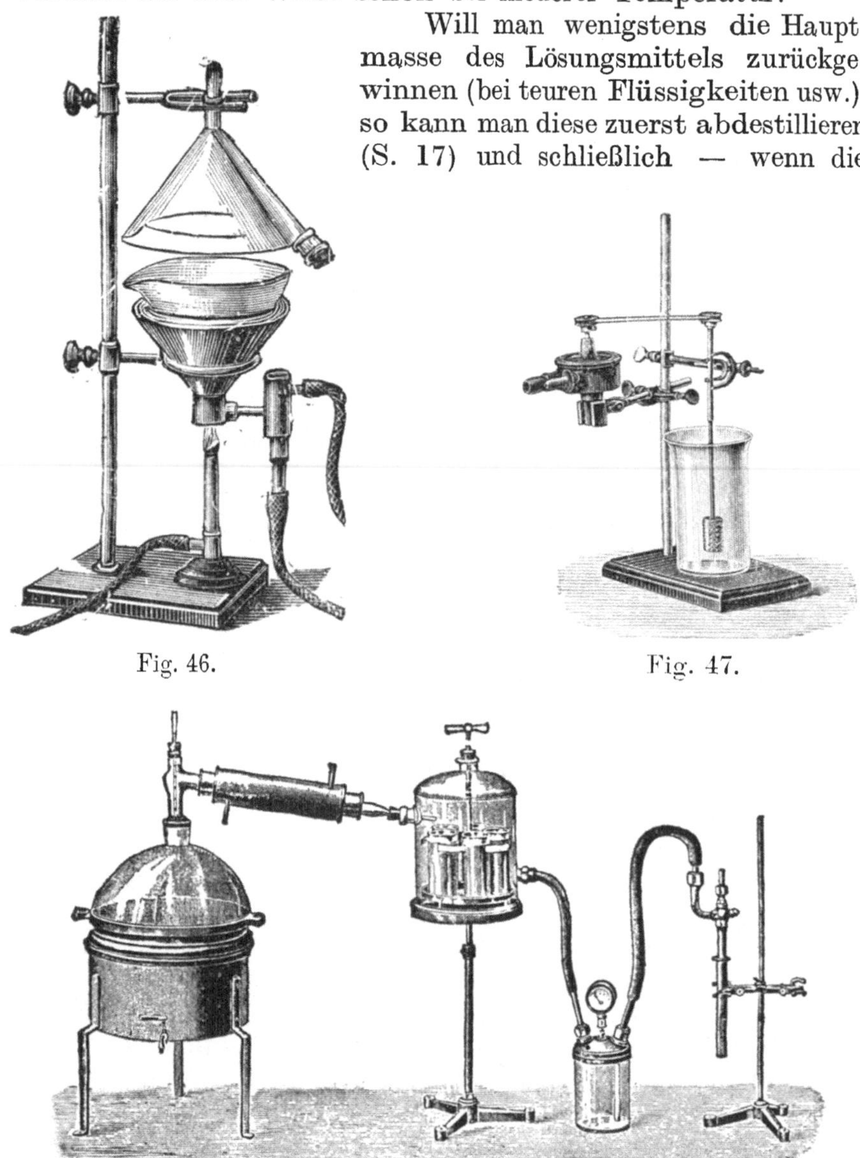

Fig. 46.

Fig. 47.

Fig. 48.

höhere Siedetemperatur der konzentrierteren Lösung Zersetzung
bewirken könnte — in offener Schale die letzten Anteile verflüchtigen lassen.

Wegen der schon öfters erwähnten Wärmeempfindlichkeit vieler Pflanzenstoffe (S. 9 u. 22) und der Beschleunigung des Prozesses wird im Laboratorium wie in der Technik das Abdampfen jetzt oft in Vakuumapparaten vorgenommen. Dieses Verfahren empfiehlt sich auch bei feuergefährlichen Flüssigkeiten und hat noch den Vorteil, die Zersetzung durch Luft auszuschließen. Für die Ausführung der Methode siehe S. 22. Viele Vakuumpräparate unterscheiden sich schon äußerlich sehr günstig von den bei gewöhnlichem Druck hergestellten Präparaten.

Geschieht das Abdampfen bei gewöhnlicher Temperatur, so spricht man von Verdunsten, was sich bei besonders leicht zersetzlichen Körpern oder zur Erlangung großer Kristalle nötig erweisen kann. Das Verdunsten kann im luftverdünnten Raum oder durch die Gegenwart von Stoffen, welche das Lösungsmittel begierig absorbieren, beschleunigt werden (siehe S. 47).

Vorläufige Reinigung des Rohproduktes.

Bisher haben wir die Darstellung von Rohprodukten geschildert. Daraus werden nun in geeigneter Weise die Hauptmaße der Verunreinigungen entfernt.

Ist die gewünschte Substanz in mehreren Lösungsmitteln löslich, z. B. in Wasser und starkem Alkohol, so wird die Reinigung manchmal erzielt, indem man dem trockenen wässerigen Extrakt des Ausgangsmaterials durch Behandlung mit Alkohol den gewünschten Körper entzieht. Die in Alkohol unlöslichen Substanzen (Eiweiß, anorganische Salze usw.) bleiben dabei ungelöst zurück. In andern Fällen erweist es sich zweckmäßiger, Verunreinigungen zu beseitigen, z. B. indem man einem trockenen ätherischen Extrakt das Fett mittels Petroläther entzieht, vorausgesetzt, daß der gewünschte Körper in Petroläther schwer löslich ist. Wir können beide Verfahren Reinigung durch Extraktion nennen.

Bei andern Präparaten gelangt man schneller und leichter zum Ziel, wenn man im flüssigen Extrakt die gewünschte Substanz oder Verunreinigungen ausfällt. Diese Reinigung durch Präzipitation ist besonders zu empfehlen, wenn der gewünschte Körper in Form einer charakteristischen Verbindung gefällt werden kann (z. B. Alkaloide als Tanninverbindungen). Der Körper wird nachher aus dem durch Auswaschen gereinigten Niederschlag wieder in Freiheit gesetzt. Andrerseits können manche Verunreinigungen durch Präzipitation und nachherige Filtration beseitigt werden. So fällt eine neutrale

(10 proz.) Lösung von Bleiazetat u. a. Säuren, Gummi und Pflanzenschleim, während Bleiessig (basische Bleiazetatlösung) außer diesen Substanzen auch Farbstoffe und Glykoside ausfällt. Kohlenhydrate werden aber nur ausgefällt, nachdem man Ammoniak zugesetzt hat. Auch die Reinigung von Alkohol-, Chloroform- oder Benzollösungen durch vorsichtigen Zusatz von Petroläther und rasches Filtrieren gehört hierher.

Es ist im allgemeinen ratsam, das Fällungsmittel langsam und in kleinen Mengen zuzusetzen unter fortwährendem Schütteln oder Rühren der Flüssigkeit, sonst bilden sich plötzlich größere Partikeln des Niederschlages, welche mechanisch Nebensubstanzen mitreißen.

Liegen homogene Gemische flüssiger oder flüssiger und fester Körper vor (wie bei den ätherischen und fetten Ölen). so ist die Reinigung durch fraktionierte Destillation (S. 22) oder durch Ausfrieren am Platze. Letzteres bezweckt, durch Abkühlung bestimmte Körper aus Lösungen oder Gemischen abzuscheiden auf Grund ihrer niedrigern Erstarrungstemperatur. Es ist somit Kristallisation durch Abkühlung.

Zur Abkühlung dienen Eis oder Kältemischungen. Von letzteren seien hier einige der wichtigsten angeführt:

$$\text{die Temperatur sinkt auf}$$

1 Chlorkalzium + 4 Wasser	$-15,5^0$ C
8 Glaubersalz + 5 konz. Salzsäure	-17^0
1 Kochsalz + 3 Schnee	-21^0
1 verd. Schwefelsäure + 1 Schnee.	-50^0
feste Kohlensäure + Äther	-100^0

Die Kältemischungen werden zweckmäßig in einem (doppelwandigen) Dewarschen Gefäß aufbewahrt, wo sie sich lange halten.

Die ausgefrorne Substanz wird durch Pressen zwischen Filtrierpapier oder Absaugen im Eistrichter (s. S. 35) von den flüssigen Anteilen getrennt.

Feste Substanzen können auch durch Kristallisation (s. S. 42) oder in gewissen Fällen durch Sublimation (s. S. 30) von der Hauptmenge ihrer Verunreinigungen getrennt werden. Letzteres wird manchmal zweckmäßig in luftverdünntem Raum ausgeführt (Vakuumsublimation). Einzelheiten dieser für uns weniger wichtigen Arbeitsmethode finden sich bei Lassar-Cohn.

Auch das „Umfällen" eignet sich für die Reinigung gewisser Pflanzenstoffe. Dadurch können besonders Aschenbestandteile entfernt werden. So kann man einen alkalilöslichen Körper in verdünnter Lauge lösen, mittels Säure fällen, den Niederschlag sammeln und auswaschen, wieder in Lauge lösen usw. Man sehe u. a. bei Hesperidin (22).

Auswaschen.

Das Auswaschen bezweckt die Verdrängung der Mutterlauge und gewöhnlich zugleich der in der Auswaschflüssigkeit löslichen Substanzen. Man wählt bei unlöslichen Präzipitaten gewöhnlich dieselbe Flüssigkeit, worin diese erzeugt worden sind. Bisweilen wird nachher noch mit andern Flüssigkeiten ausgewaschen, entweder um Verunreinigungen des Niederschlags zu entfernen, oder um letztere schnell trocknen zu können.

In vielen Fällen ist es notwendig, das als Auswaschflüssigkeit benutzte Kristallisationsmittel allmählich zu verdünnen mit der Flüssigkeit, womit man nachher auswaschen will. So wenn man z. B. eine aus Eisessig kristallisierte Substanz mit Wasser nachwaschen will. Hat man die Absicht, einen aus Wasser kristallisierten Körper nachher mit Äther auszuwaschen, so muß womöglich das Wasser erst allmählich mit Alkohol und dieser allmählich mit Äther vertrieben werden.

Für die Gewinnung des Filterrückstandes ist ein genaues Auswaschen unbedingt notwendig. Man beachte dabei die oben und im Kapitel Extraktion S. 5 erwähnten Tatsachen. Letztere führen zu der Regel, daß man beim Auswaschen nicht neue Flüssigkeit aufgießen darf, bevor der Trichterinhalt vollständig abgelaufen ist.

Oft empfiehlt es sich, die Niederschläge statt mit Wasser mit verdünnter Salzlösung ($NaCl$, Na_2CO_3 u. a.) auszuwaschen. Die Verunreinigungen werden dadurch meistens leichter entfernt, und einige Körper, die sonst durch das Filter hindurchlaufen, zeigen alsdann diese Unannehmlichkeit nicht.

Um Zeit zu ersparen, kann das Filtrieren und Auswaschen ganz oder teilweise durch das Dekantieren ersetzt werden (s. S. 33). Durch wiederholten Zusatz reiner Flüssigkeit und Abgießen wird der Niederschlag möglichst gereinigt.

Folgende Methode des Auswaschens kann ich sehr empfehlen. Die Masse wird in eine durch einen doppelt durchbohrten Kautschukstopfen verschlossene Flasche gebracht. Durch den Kork gehen zwei Röhren, von denen die eine bis auf den Boden der Flasche reicht, die andere unterhalb der Korke endet. Dieses Ende wird mit Leinwand, dann mit fetter Watte umwunden.

Nun wird das äußere Ende der ersten Röhre mit der Wasserleitung verbunden und langsam Wasser durch die Masse hindurchgetrieben, das dann aus der äußern Öffnung der zweiten Röhre abfließt.

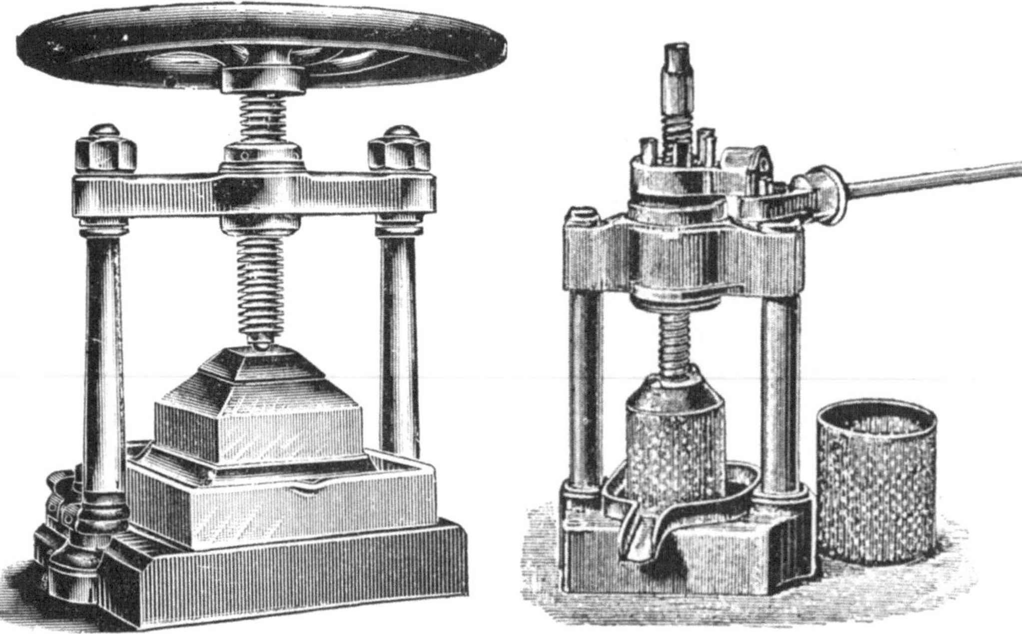

Fig. 49.

Fig. 50.

Wenn es sich um größere Quantitäten von Niederschlägen handelt, kann die anhängende Flüssigkeit nach dem Filtrieren und Auswaschen durch Auspressen entfernt werden (Pressen). Der gebräuchlichste und beste Apparat ist die nebenstehend abgebildete Differentialhebelpresse, deren Handhabung aus der Fig. hervorgeht. Für wissenschaftliche Arbeiten ist auch die Wittsche Presse aus glasiertem Porzellan, zu empfehlen. (Fig. 49.)

Kristallisation.

Die gebräuchlichste Methode zur Reinigung bzw. Reindarstellung von festen Körpern ist die Kristallisation. Es nehmen feste Stoffe dabei geometrisch bestimmte Gestalten an, die wir als „Kristalle" bezeichnen. Nicht alle festen Körper aber sind kristallisierbar, und gerade unter den biochemischen Produkten gibt es viele sogenannte amorphe Stoffe.

Die Kristallform zeigt mit wenigen Ausnahmen, daß der so abgeschiedene Körper rein und einheitlich ist.

Das Kristallisieren kann auf zwei Weisen geschehen: die Kristalle können sich aus einer heiß gesättigten Lösung beim Abkühlen ausscheiden (Kristallisation durch Erkalten) oder aber durch allmähliches Verdunsten oder Verdampfen des Lösungsmittels aus einer ungesättigten abgeschieden werden (Kristallisation durch Verdunsten oder Verdampfen). Die Verunreinigungen bleiben dabei in dem Lösungsmittel, der Mutterlauge, zurück.

Gemische zweier oder mehrerer Solvenzien können für die Kristallisation öfters wertvolle Dienste leisten, da man damit gewöhnlich die schönsten Kristalle gewinnt. Man wählt solche, von denen das eine die Substanz leicht, das andere sie schwer löst, wobei es noch besonders vorteilhaft ist, wenn erstere viel flüchtiger ist als letztere. Als Mischungen finden bei den Präparaten u. a. Wasser + Alkohol, Alkohol + Äther, Benzol oder Chloroform + Petroleumäther Anwendung.

Bei Körpern, die „träge" kristallisieren, müssen besondere Maßnahmen getroffen werden. Wird die Kristallisation durch Verunreinigungen gehemmt, so muß die Lösung davon zuerst befreit werden, was oft durch bloßes Kochen mit Tierkohle erreicht wird (vgl. S. 45). Auch Reibung der Wände des Kristallisationsgefäßes oder „Impfen" mit einem Kristall der gewünschten Substanz leitet die Kristallisation ein. Schließlich müssen gewisse Lösungen mehrere Tage an einem kühlen Ort stehen gelassen werden.

Auch künstliches stärkeres Abkühlen mittels Kältemischungen (s. S. 40) liefert manchmal gute Resultate.

Schließlich ist darauf zu achten, daß das Lösungsmittel weder auf die Substanz chemisch einwirken noch molekular gebunden werden darf. [Kristallwasser, — Alkohol (4 Mol. mit Calciumchlorid), — Petroläther (mit Euphorbon), usw.].

In den bisher ausgeführten Fällen handelte es sich nur um die Gewinnung eines einzigen Körpers. Vielfach sollen aber bei phytochemischen Arbeiten aus derselben Lösung zwei oder mehrere kristallisierende Körper gewonnen — oder wenigstens getrennt — werden (**43, 44**), was uns zur fraktionierten Kristallisation führt.

Liegen Gemische zweier oder mehrerer Körper verschiedener Löslichkeit vor, so kristallisieren zuerst die schwer-, dann die leichtlöslichen aus. Die Trennung ist umso vollkommener, je mehr die Löslichkeit differiert.

Es leuchtet ein, daß die fraktionierte Kristallisation sich
auch empfiehlt, um zu untersuchen, ob ein Körper einheitlich ist. Müssen doch in dem Fall die verschiedenen
Fraktionen identisch sein. Praxis des Kristallisierens:
Ist die Löslichkeit des gewünschten Körpers unbekannt, so
stelle man sie zuerst durch Vorversuche fest. Das Lösen
geschieht am besten in einem Erlenmeyer. Man vergesse nie,

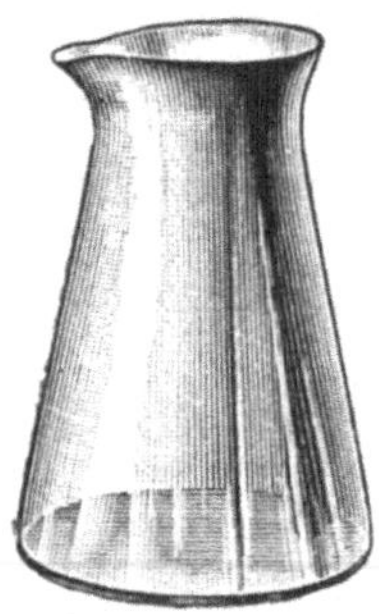

daß am vorteilhaftesten mit fast gesättigten
Lösungen gearbeitet werden kann. Man nehme
deshalb zu Anfang nur so viel Lösungsmittel,
daß die Substanz sich auch nach längerem
Erwärmen nicht ganz löst, gieße die klare
Lösung durch ein Filter ab und behandle den
Rückstand auf dieselbe Weise. Nur so ver-
läuft die Kristallisation möglichst quantitativ.
Die klare Lösung läßt man in einem Kristal-
lisationsgefäß auskristallisieren, wozu sich
Bechergläser, Erlenmeyerkolben und Phi-
lippsche Becherglaskolben (Fig. 51) am besten

Fig. 51.

eignen. Flache Gefäße (wie die meisten „Kristallisations-
schalen“) sind jedenfalls unpraktisch, weil manche Lösungen leicht
„herauskriechen“ und die Verunreinigungen leicht mit auskristallisieren. Erlenmeyer möchte ich bei Kristallisation
durch Verdampfen empfehlen, wenn sehr leicht verflüchtigende
Lösungsmittel vorliegen, um langsame Verdunstung zu erzielen.

Man fülle das Kristallisationsgefäß höchstens zu zwei Dritteln
und bedecke es mit einem Stück nassem Filtrierpapier, das so
„abgerieben“ wird, daß es um den Rand des Gefäßes greift. Nach
dem Trockenen haftet es sehr fest und gewährt vollkommenen
Abschluß, auch vor Staub, während es sogar vom Winde nur
schwer abgehoben werden kann.

Beim Auskristallisieren ist zu beachten, daß die Kristalle
umso größer und umso besser ausgebildet sind, je verdünnter
die Lösung ist und je langsamer die Abkühlung oder das Verdampfen des Lösungsmittels stattfindet. Andrerseits schließen
aber große Kristalle beträchtlich viel Unreinheiten ein, und es
empfiehlt sich daher, auf kleine Kristalle hinzuarbeiten, was durch
sog. gestörte Kristallisation erreicht wird. D. h. heiß gesättigte Lösungen läßt man unter Kühlung und fortwährendem
Rühren oder Schütteln schnell auskristallisieren.

Zur Trennung der Kristalle vom Lösungsmittel (Mutterlauge) kann die Hauptmasse der Flüssigkeit gewöhnlich abgegossen werden. Die Kristalle werden auf einem Filter gesammelt

— wobei die unter „Filtration" gegebenen Regeln zu beachten sind — und gewaschen (vgl. S. 41). Haben sich unreine Kristallkrusten gebildet, so sammle man diese gesondert und verarbeite sie mit der Mutterlauge. Meist lohnt es sich noch, in der Mutterlauge eine zweite Kristallisation hervorzurufen, indem man das Lösungsmittel weiter verdampft oder aber eine Flüssigkeit zusetzt, welche die gewünschte Substanz schwer löst.

Schließlich werden die Kristalle getrocknet (vgl. „Trocknen" S. 46). Ein Fehler, den ungeduldige Anfänger oft begehen, ist das Trocknen niedrig schmelzender Substanzen (z. B. Fettsäuren) bei zu hoher Temperatur. Das Präparat schmilzt und ist meistens verloren.

Entfärbung.

Entfärben ist das Beseitigen färbender Verunreinigungen. Gefärbte Stoffe in größerer Menge werden bei der Darstellung von Pflanzenstoffen mehrmals mit Hilfe von Bleiazetatlösung niedergeschlagen (40), wobei sie teilweise als Bleiverbindung präzipitiert, in vielen Fällen aber nur mechanisch von den entstehenden voluminösen Niederschlägen (Bleitannat u. a.) mitgerissen werden. Auch andere Präzipitate (wie Ferrihydroxyde) sind imstande, mechanisches Mitreißen zu bewirken.

Als Entfärbungsmittel steht besonders die Kohle, namentlich Knochen- oder Blutkohle, in ausgedehntem Gebrauch. Ihre Wirkung ist eine Flächenanziehung, eine Adsorption; viele andere poröse Stoffe eignen sich aber eben so gut für den Zweck der Entfärbung. Immerhin vermögen alle diese Substanzen bisweilen beträchtliche Mengen des gewünschten Körpers festzuhalten, weshalb sie nachher mit dem Lösungsmittel gut ausgezogen werden müssen.

Um eine Substanz entfärben zu können, muß sie in gelöstem Zustande vorliegen, wobei die Art des Lösungsmittels von großer Wichtigkeit ist. (siehe Rosenthaler und Türk, Arch. f. Pharm. 1906, 517).

Die Quantität der Kohle richte man nach der Intensität der Färbung. Die Entfärbung ist am vollkommensten in konzentrierten Lösungen. Bei leicht oxydablen Stoffen benütze man keine Tierkohle, weil diese die Oxydation sehr fördert. Kochen mit der Kohle ist in den meisten Fällen nicht notwendig. Das Adsorptionsgleichgewicht ist innerhalb weniger Minuten hergestellt; alkoholische Lösungen werden leichter entfärbt als wässerige.

Wir werden also die zu entfärbende Substanz zuerst in möglichst wenig Flüssigkeit in der Wärme vollständig lösen, dann portionenweise Tierkohle zusetzen und 30 Min. bis 1 Stunde digerieren.

Falls das Lösungsmittel mit Wasser nicht mischbar ist, muß die Tierkohle zuvor getrocknet werden. Nach der Entfärbung wird filtriert. Um zu vermeiden, daß feine Kohlenteilchen mit in das Filtrat übergehen, befreie man die Kohle vorher durch Schlämmung von den feinsten Anteilen. Auch sei man vorsichtig beim Zusatz von Kohle zu heißen Flüssigkeiten, da dabei plötzliches Überkochen stattfinden kann.

Trocknen.

Unter Trocknen verstehen wir das Entfernen von Flüssigkeit — speziell von den letzten Anteilen Wasser.

Bei festen Körpern geschieht dies, indem man sie mit einer Atmosphäre in Berührung bringt, welche nicht mit Wasserdampf gesättigt ist, was entweder durch Wasserentziehung oder durch

Fig. 52.

Fig. 53.

Erwärmen erreicht wird. Im ersteren Falle wird die Feuchtigkeit in einem abgeschlossenen Gefäß durch wasserentziehende Mittel aufgenommen, im letzteren muß die mit Wasserdampf gesättigte Luft weggeleitet und stets wieder durch warme ungesättigte ersetzt werden. Für das Beseitigen von andern Flüssigkeiten gilt cum grano salis dasselbe.

Für die erste Art des Trocknens eignen sich besonders Exsikkatoren und Kalkkisten, wobei als wasserentziehende Mittel u. a. Schwefelsäure, Chlorkalzium und Ätzkalk Anwendung finden.

Beim Exsikkator, Fig. 52, befinden sich diese in dem unteren Teil des Gefäßes, was ein Fehler ist, weil feuchte Luft leichter ist als trockene. Dieser Mangel ist bei den Exsikkatoren nach Reinhardt (Fig. 53) vermieden.

Exsikkator Fig. 52 ist auch als Vakuumexsikkator zu verwenden. Der Tubulus wird zu dem Zweck mit der Saugpumpe verbunden, evakuiert und dann der Hahn geschlossen. Bei richtigem Verschluß kann der Apparat nun wochenlang stehen, ohne sein Vakuum zu verlieren. Das Trocknen vollzieht sich im luftverdünnten Raum bedeutend schneller als sonst.

Durch entsprechende Trockenmittel können auch andere Flüssigkeiten im Exsikkator entfernt werden, so nimmt Chlorkalzium Alkohol auf; Ätzkali, Essigsäure; Paraffin (ein Brei von gleichen Teilen festem u d flüssigem Paraffin ist am wirksamsten): Schwefelkohlenstoff, Chloroform, Äther usw.

Da viele Pflanzenstoffe lichtempfindlich sind, empfiehlt es sich, stets einen Exsikkator aus braunem Glas zur Hand zu haben.

Zum Trocknen größerer Materialmengen bei gewöhnlicher Temperatur, verwendet man Kalkkisten, gut schließbare Blechkisten worin sich gebrannter Kalk als Trockenmittel befindet. Sie sind besonders für das Trocknen von Drogen warm zu empfehlen.

Beim Trocknen durch Wärme bedient man sich am häufigsten eines Trockenschrankes, d. i. meist ein kupferner, doppel-

Fig. 54.

wandiger Kasten, der durch einen Gasbrenner geheizt wird. Das Thermometer wird mit einem Thermoregulator verbunden, welcher die Gaszufuhr so zu regeln erlaubt, daß man den Schrank längere Zeit auf derselben Temperatur erhalten kann.

Amorphe Substanzen, welche leicht hornartig austrocknen, werden auf ungebrannten Tontellern bei gewöhnlicher Temperatur getrocknet, indem der Ton rasch die anhängende Flüssigkeit aufsaugt.

Flüssigkeiten werden über Kalziumoxyd, Kalziumchlorid, entwässertem Natriumsulfat, Natriumkarbonat o. a. getrocknet. Zu beachten ist, daß das Trockenmittel nicht auf die zu trocknende Substanz einwirken darf (viele Alkohole verbinden sich mit

Kalziumchlorid, Säuren mit Kalziumoxyd und Natriumkarbonat; usw.). Dickflüssige Substanzen und geringere Flüssigkeitsmengen werden zum Trocknen vorher mit Alkohol, Äther, Petroläther oder anderen geeigneten Lösungsmitteln verdünnt. Man bringt das Trockenmittel und die zu trocknende Flüssigkeit zusammen in einen trockenen Kolben oder eine trockene Flasche, verschließt das Gefäß gut und stellt unter zeitweiligem Umschütteln beiseite, bis man sicher ist, daß alles Wasser aufgenommen worden ist.

Zum Trocknen von Gasen finden Waschflaschen mit konzentrierter Schwefelsäure, U-Röhre oder Trockentürme mit Ätzkalk, Chlorkalzium usw. Anwendung. Das Gas wird durch langsames Hindurchleiten von Flüssigkeit befreit. Für Einzelheiten sei auf Lassar-Cohn verwiesen.

Reinheitskriterien.

Um festzustellen, ob der von uns isolierte Körper rein ist, wäre theoretisch-wissenschaftlich die quantitative Analyse (hier wohl stets die Elementaranalyse) am zuverlässigsten, aber auch am zeitraubendsten.

Um auf die Reinheit eines Körpers zu schließen, achte man auf äußerliche Merkmale, wie Ändern der Farbe oder des Geruchs beim Reinigen; dann stelle man qualitative Reaktionen auf Verunreinigungen an und prüfe vor allem die physikalischen Konstanten, wie Schmelzpunkt, Siedepunkt, Drehungsvermögen, Brechungsexponent u. a.; auch die Kapillaranalyse kann oft mit Vorteil benutzt werden.

Die Reinigung wird solange fortgesetzt, bis alle diese Reinheitskriterien konstant bleiben. Am wichtigsten für uns sind wohl die Bestimmungen des Schmelzpunktes, die des Siedepunktes und die Kapillaranalyse. Betreffs des Drehungsvermögens und des Brechungsexponenten sei der Kürze halber auf die größeren Handbüchern, wie Weyl, Abderhalden, usw. verwiesen (siehe Quellenverzeichnis).

Bestimmung des Schmelzpunktes.

Als Schmelzpunkt eines Körpers bezeichnet man im allgemeinen diejenige Temperatur, bei der er in festem und flüssigem Zustande dauernd zu gleicher Zeit bestehen kann. Praktisch nimmt man als Schmelzpunkt aber diejenige Temperatur an, bei der die Substanz zu einer klaren durchsichtigen Masse zerfließt (nach Meyer).

Eine kleine Probe der sehr feingepulverten, gut gemischten, und getrockneten Substanz wird in ein Schmelzpunktröhrchen [1] gebracht, indem man das offene Ende desselben in das Pulver taucht und das aufgenommene Pulver dann durch vorsichtiges Klopfen auf den Boden bringt. Es empfiehlt sich, die Substanz mit einem Platindraht oder Glasfaden fest zu stampfen, bis die Höhe der Substanzschicht 1—2 mm beträgt. Das Trocknen des Pulvers geschieht, indem man es 24 Stunden im Schwefelsäureexsikkator hinstellt.

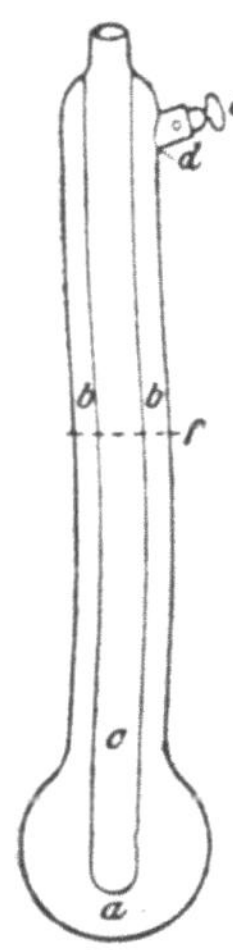

Fig. 55.

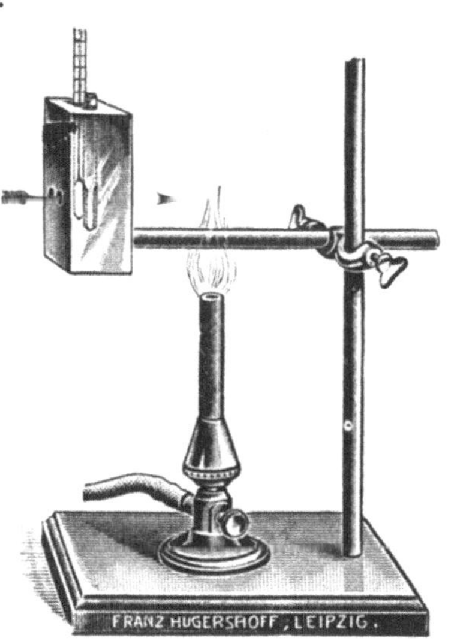

Fig. 56.

Die Röhrchen werden dann — am leichtesten mittels eines „Schmelzröhrchenhalters" aus Eisen- oder Kupferblech — so mit einem Thermometer verbunden, daß die Substanz sich in der Mitte des Quecksilberreservoirs befindet. Das Ganze wird in einem geeigneten Bad langsam erwärmt, wozu man zurzeit vielfach den Apparat von Roth (Fig. 55) von Thoms oder von Thiele (Fig. 56) benutzt. Gebraucht man dabei eine Reihe von Anschütz-[2]) oder Allihn-Thermometern, so hat man sogleich den „korrigierten" Schmelzpunkt. Man wähle das Thermometer so, daß die Quecksilbersäule unter dem Niveau des Schwefelsäurebades bleibt.

Der Apparat nach Thiele besteht aus massivem Kupferkolben mit Heizstab und 2 Durchbohrungen, zur Aufnahme des Substanzröhrchens und des Thermometers.

Beim Arbeiten mit dem Apparat von Roth verfährt man

---

[1]) Schmelzpunktsröhrchen sind an einem Ende zugeschmolzene dünne Glaskapillare von höchstens 1 mm Weite und 3—5 cm Länge.

[2]) d. h. 4—7 kleine Thermometer, auf welche die gewöhnliche Skala (etwa — 15° bis + 360° C) verteilt ist. Jedes dieser Thermometer gibt also nur etwa 100° resp. 60° an. Allihn-Thermometer sind zusammengehörige Sätze von 3 sehr genauen Thermometern.

in folgender Weise: In den äußeren Mantel a des Apparates wird konzentrierte Schwefelsäure gegossen, etwa bis zu f. Man achte beim Erhitzen stets darauf, daß die im Tubus und dem Stopfen (e) sich befindenden Öffnungen korrespondieren. Man wählt von den Anschützthermometern dasjenige, das den zu erwartenden Schmelzpunkt angibt, befestigt daran das Schmelzpunktröhrchen und hängt das Thermometer mittelst einer Glaskugel mit Platinhaken oder eines Korkes im Apparate auf, wie dies aus der Figur leicht ersichtlich ist. Man benutzt den Apparat von Roth durchwegs als Luftbad, kann aber auch die innere Röhre mit konzentrierter H_2SO_4, Glyzerin o. a. füllen.

Man erwärme jetzt allmählich mit freier Flamme und halte dabei den Brenner schräg. Fließt die Substanz zu durchsichtigen Tröpfchen zusammen, so lese man die Temperatur des Thermometers, als die des Schmelzpunktes ab. Zuverlässige Resultate erzielt man nur, wenn man in der Nähe des Schmelzpunktes sehr langsam erhitzt.

Kennt man den ungefähren Schmelzpunkt zum voraus, so erhitze man schnell bis etwa 10^0 unter diese Temperatur, dann aber sehr langsam.

Zersetzen sich die Substanzen in der Nähe des Schmelzpunktes, so empfiehlt es sich, das Bad bis auf wenige Grade unter diesen Punkt vorzuwärmen und erst dann die Substanz darin einzutauchen.

Ragt bei der Schmelzpunktbestimmung ein Teil des Quecksilberfadens des Thermometers aus dem Bade heraus, so ist für diesen eine Korrektur vorzunehmen. Siehe für deren Berechnung das Kapitel „Siedepunktsbestimmung".

Verunreinigungen drücken fast ausnahmslos den Schmelzpunkt eines Körpers herab und er wird bei größeren Mengen derselben zu gleicher Zeit sehr unscharf. Auch kann mit Hilfe dieser Konstanz leicht kontrolliert werden, ob zwei Körper mit demselben Schmelzpu kt identisch sind. Nur im letzteren Falle behalten Mischungen beider Körper denselben Schmelzpunkt bei.

Bestimmung des Siedepunktes.

ist ein bequemes Hilfsmittel zur Prüfung der Reinheit von Flüssigkeiten.

Als Siedepunkt eines Körpers bezeichnet man diejenige Temperatur, bei der sein Dampfdruck gerade hinreicht, um den auf ihm lastenden Luftdruck zu überwinden. Da letzterer aber inkonstant ist, ist folglich auch der Siedepunkt streng genommen nicht konstant. Die Siedetemperatur muß dazu zuerst auf einen „Normaldruck" (760 mm Quecksilber) reduziert werden. Für praktische Zwecke kann man für jeden Millimeter Minder- oder Mehrdruck $0,043^0$ zum gefundenen Siedepunkt hinzuaddieren oder subtrahieren. Ganz richtig ist aber diese Korrektur nicht.

Sehr üblich ist es, einfach bei der Angabe eines Siedepunktes den Druck, bei dem er ermittelt ist, mit anzuführen, z. B. Sdp. 153^0_{10} oder KP. 10 ist 143, d. h. Siedepunkt 153^0 bei 10 mm Druck bzw. Kochpunkt bei 10 mm Druck ist 153^0.

Für die zur Bestimmung des Siedepunktes notwendige Apparatur sei auf den Abschnitt „Destillation" verwiesen.

Zur Bestimmung des Siedepunktes empfiehlt sich die Anwendung von Fraktionierkolben. Es wird stets die Temperatur des Dampfes, nicht die — unzuverlässige — der siedenden Flüssigkeit gemessen. Der Quecksilberfaden des Thermometers soll sich ganz im Dampfe befinden; sonst muß eine Korrektur angebracht werden. Die Thermometer von Anschütz leisten daher auch hier wieder gute Dienste, weil immer wohl eins dabei ist, daß sich vollständig in den Dampf der siedenden Flüssigkeit einführen läßt, besonders wenn Fraktionierkolben mit hoch und solche mit niedrig angebrachter Seitenröhre zur Verfügung stehen.

Um ein zuverlässiges Resultat zu bekommen, soll die Flüssigkeit ununterbrochen sieden, was eventuell mit Hilfe eines Siedefadens, Stückchens Bimstein o. a. erreicht werden kann.

Für die Ausführung der Siedepunktsbestimmung sei wieder auf das Kapitel Destillation verwiesen.

Wie schon gesagt, muß bei genauen Siedepunktsbestimmungen für den aus dem Dampf herausragenden Teil des Quecksilberfadens eine Korrektur an dem abgelesenen Siedepunkt angebracht werden. Zu diesem Zweck wird die mittlere Temperatur dieses herausragenden Fadens bestimmt mit Hilfe eines zweiten Thermometers (b). Das Thermometer b ist durch einen horizontalen Schirm vor dem Einfluß der Flamme zu schützen. Den „korrigierten" Siedepunkt findet man nach der Formel

$$T + N\,(T-t)\,0{,}000\,154,$$

wobei T die Temperatur, die das Thermometer a, t die, welche b anzeigt, N die Länge des betreffenden Quecksilberfadens in Thermometergraden und 0,000 154 der Ausdehnungskoeffizient für Quecksilber im Glase ist. Bei Anwendung gewöhnlicher Thermometer kann die nötige Korrektur bei hochsiedenden Flüssigkeiten beträchtlich groß sein, für eine, bei etwa $200-250^0$

siedende Flüssigkeit z. B. sehr leicht 5°. Da die Berechnung der Korrekturen viel Zeit erfordert, begnügt man sich manchmal mit dem direkt abgelesenen Siedepunkt, der dann „unkorrigiert" beigefügt werden muß.

Ich benutze zur Korrektur manchmal folgende bequeme, durch von Bayer vorgeschlagene Methode, und kann dieselbe warm empfehlen. Man destilliert in demselben Apparat unter genau denselben Umständen eine Flüssigkeit deren (bekannter) Siedepunkt nicht weit von dem der untersuchten Flüssigkeit liegt. Es ist dann sogleich ersichtlich, wieviel Grade die Siedetemperatur unter den betreffenden Verhältnissen von dem wahren abweicht, auch wird auf diese Weise nicht nur der Einfluß der Temperaturunterschiede sondern zu gleicher Zeit auch der des Barometerstandes eliminiert.

Kapillaranalyse.

Die Kapillaranalyse beruht auf der Eigenschaft, daß gelöste Körper verschiedene Steighöhe in Kapillaren besitzen (Schoenbein). Als Kapillare benutzt man bei der Analyse gewöhnlich stark kapillares Filtrierpapier, aber auch Baumwollen-, Leinenzeug o. a. Die Methode wurde von Goppelsroeder genau studiert und ausgearbeitet („Kapillaranalyse" 1901) und kann auch in der Phytochemie erfolgreich angewendet werden, um nachzuweisen, ob ein Körper einheitlich ist.

Man hängt in der zu untersuchenden Lösung Streifen stark kapillaren Filtrierpapiers auf, so daß sie mit dem untern Ende etwa $\frac{1}{2}$ cm in die Lösung tauchen, und läßt etwa 12 Stunden einwirken. Falls die Lösung mehrere Körper enthält, zeigen diese eine verschiedene Steighöhe, was bei Farbstoffen mit bloßem Auge ersichtlich ist, bei ungefärbten Verbindungen aber mittelst aufgebrachten Reagentien nachgewiesen werden kann. So gelangt Chlorophyll unten zur Abscheidung, Alkaloide steigen höher, Fette noch höher.

„Was man an der Natur Geheimnisvolles pries,
Das wagen wir verständig zu probieren
Und was man sonst organisieren ließ,
Das lassen wir kristallisieren."

Spezieller Teil.
Präparate.

Nachstehend sind die Übungsbeispiele zur besseren Übersicht in zusammengehörige Gruppen eingeteilt worden. Der Lehrer wird aber unzweifelhaft besonderen Wert darauf legen, daß der Praktikant zuerst einige leichte Präparate darstelle und dann allmählich zu schwierigeren übergehe. Daher würde es sich empfehlen, zuerst die Nrn. 1, 4, 23, 41, 38, 6, 40, 2, 20, 22, 31, 34 zu bearbeiten, wonach eine induktive Reihenfolge sich etwa folgendermaßen gestalten würde: Nr. 13, 5, 26, 21, 17, 29, 30, 7, 36, 35, 47, 32, 33, 28, 57, 48, 27, 46, 53, 54, 24, 19, 14, 56, 37, 18, 9, 16, 39, 58, 42, 12, 43, 44, 50, 51, 55, 8, 3, 10, 11, 15, 25, 45, 49 und 52.

Dabei sei noch bemerkt, daß die Nrn. 14, 27, 28, 30 und 33 sich am besten für den Winter eignen, wenn Schnee und Eis zur Kühlung umsonst zu haben sind (siehe auch Nr. 13), und daß man die Nrn. 3, 10, 11, 15, 25, 45, 49 und 52 nur geübten Praktikanten geben soll.

Bei der Beschreibung der Isolierungsmethoden wird vorausgesetzt, daß der allgemeine Teil dieses Werkchens genau studiert ist. Jene konnten dadurch wesentlich kürzer und übersichtlicher gefaßt werden. D. h. Begriffe wie Perkolieren, Auskochen, Entfärben, Trocknen usw. werden im folgenden als bekannt vorausgesetzt.

Die bei den Präparaten unter „Ausbeute" erwähnten Zahlen gelten für gute Laboranten und geben die niedrigste und höchste Ausbeute, welche von diesen aus gutem Material erhalten werden können. Durch das Verarbeiten größerer Quantitäten ist sie noch zu erhöhen.

Man unterlasse nie, den isolierten Körper auf seine Reinheit zu prüfen.

Mögen die „Erläuterungen" über die Isolierungsmethoden dazu beitragen, dem Praktikanten das Interesse an seiner Arbeit zu erhöhen und ihm eine allgemeine Einsicht in die Isolierung von Pflanzenstoffen geben, und mögen die eingeschalteten Fragen vorbeugen, daß er die Vorschriften nacharbeitet ohne sich von ihrem Wesen Rechenschaft zu geben.

In geeigneten Fällen sind ein oder mehrere Pflanzenkörper erwähnt worden, welche „auf ähnliche Weise" isoliert werden, damit nochmals deutlich hervortritt, daß die Präparate nur Übungsbeispiele mehr allgemein anwendbarer Isolierungsmethoden sind.

Mit den „Reaktionen und Eigenschaften" beanspruche ich durchaus keine vollständige Aufführung derselben, sondern es werden nur einige angegeben, welche vom Praktikanten leicht ausgeführt werden können und lehrreich für ihn sind, während andere — vielleicht nicht weniger wichtige — verschwiegen worden sind, weil sie hier nicht am Platze gewesen wären (wie z. B. viele physikalischen Konstanten).

Durch die Beschränkung, welche ich mir bei der Auswahl der Übungsbeispiele auferlegt habe (siehe Vorwort), mußten mehrere übrigens sehr dankbare Präparate (Anethol, Cumarin usw.) fortgelassen werden.

Im allgemeinen sind Pflanzenstoffe aufgenommen worden, deren Zusammensetzung bekannt ist und die leicht rein zu erhalten sind. Ich habe aber andererseits für gut befunden, auch Übungsbeispielen, wie Eiweißkörper und Enzyme, einen Platz einzuräumen, damit dem Interessenten die Gelegenheit geboten wird, sich mit den Isolierungsverfahren einiger dieser außerordentlich wichtigen Pflanzenstoffe vertraut zu machen.

Für einen allgemeinen Gang zur Isolierung von Pflanzenstoffen sei auf Dragendorff und Rosenthaler verwiesen (s. das Quellenverzeichnis).

Erklärungen.

A.	= Alkohol (95 %),	PÄ.	= Petroleumäther (40—60⁰),
Ä.	= Äther,		
D,	= Spez. Gewicht	Rst.	= Riechstoff.
Dest.	= Destillat od. Destillation,	Sdp.	= Siedepunkt,
		Smp.	= Schmelzpunkt.
Flsk.	= Flüssigkeit,	T.	= Teil(e),
Lsg.	= Lösung,	Temp.	= Temperatur,
Nds.	= Niederschlag,	wäss.	= wässerig.

„Soll beim Verbrennen keinen (wägbaren) Rückstand zurücklassen" heißt: $\frac{1}{2}$ bis 1 g sollen nicht mehr als 1 mg Asche zurücklassen.

Von den bei jedem Präparat angegebenen Lehrbüchern heißt Eul. = Euler, Schm. = Schmidt, B. = Bernthsen, Holl. = Holleman. Die Spezialliteratur ist am Schluß der einzelnen Gruppen von Pflanzenstoffen durch die betreffenden Ziffern des Quellenverzeichnis angedeutet worden.

Siehe für die Bedeutung von α_D und n_D Hollemann, Schmidt o, a.

Alkohole.

Isolierung eines gebundenen (einwertigen) Alkohols
Beispiel: *Myricylalkohol* s. 10.
Isolierung eines gebundenen (dreiwertigen) Alkohols.
Beispiel: *Glyzerin* s. 9.

Isolierung eines freien, festen (sechswertigen) Alkohols.
1. Beispiel: Mannit.
Eul. 8, Schm. 311, B. 217, Holl. § 39—42.

Zur Isolierung des Mannits geht man von der käuflichen Manna aus. 100 g derselben werden mit ½ L., der Rückstand nochmals mit ¼ L., 90 proz. Alkohol während $^1/_4$ St. in einem Kolben mit Steigrohr (s. 6) ausgekocht und jedesmal siedend filtriert. Beim Erkalten scheidet sich ziemlich reiner Mannit aus. Es lohnt sich nicht die Mutterlauge zu verarbeiten. Dieser Mannit wird unter Zusatz von etwas Tierkohle aus 40 proz. siedendem Alkohol umkristallisiert, bis er rein ist. Meist genügt dazu schon einmaliges Umkristallisieren.

Ausbeute: Je nach der Güte des Ausgangsmaterials 32—55 g.

Reinheitskriterien: Weiße, seidenglänzende Kristalle, welche Fehlingsche Lsg. nicht reduzieren dürfen. Smp. 165—166⁰. Mannit soll beim Verbrennen keine Asche zurücklassen.

Erläuterung: Manna, der Saft aus der Mannaesche, enthält neben Mannit u. a. Traubenzucker, Pflanzenschleim und Aschenbestandteile, welche zum größeren Teil beim Auskochen mit starkem A. ungelöst bleiben.

Auf ähnliche Weise können Agarizinsäure, Cumarin, Vanillin und viele andere Pflanzenstoffen isoliert werden.

CH_2OH
|
$HOCH$
|
$HOCH$
|
$HCOH$
|
$HCOH$
|
$CHOH$

Mannit ist ein im Pflanzenreich besonders bei den Pilzen weit verbreiteter Körper. Es findet sich weiter in Wurzelknollen (Aconitum, Daucus usw.), in der Wurzelrinde von Punica granatum, in den Blättern von Syringa vulgaris und in einigen Algen vor.

Organische Säuren.

Eul. 12 und 89.   Schm. 375.

Unter organischen Säuren versteht man Körper, welche eine Karboxylgruppe, — COOH, enthalten. Sie finden sich frei oder gebunden in den Pflanzen vor. Bezüglich ihrer Isolierung sei folgendes bemerkt:

Flüchtige Säuren, wie Essig- und Benzoesäure, können ohne weiteres mit Wasserdampf abdestilliert werden, falls sie in freiem Zustande im Ausgangsmaterial vorkommen. Sonst muß vorher eine stärkere Säure (gewöhnlich Schwefelsäure) hinzugesetzt — werden.

Die nichtflüchtigen Säuren werden zuerst aus dem Ausgangsmaterial extrahiert, wozu sich salzsäurehaltiges Wasser oder angesäuerter Alkohol besonders eignen. Nachdem man das Extrakt eventuell eingedampft hat, wird die Säure mittels Sodalösung neutralisiert. Tritt dabei ein Nds. ein (z. B. von Kalziumkarbonat), so wird einige Minuten mit überschüssigem Natriumkarbonat gekocht und das Filtrat mit Salzsäure neutralisiert. Nun wird die Säure in Form eines schwer löslichen Salzes gefällt, wodurch sie zugleich nach Filtration von Verunreinigungen befreit wird.

Als solche Salze treten die Blei-, Kalzium- und Bariumsalze in den Vordergrund, welche nach Auswaschen in geeigneter Weise zerlegt werden (vgl. die Präparate).

Auch die Trennung der nebeneinander vorkommenden Säuren beruht auf der verschiedenen Löslichkeit dieser Salze.

Isolierung von (gebundenen) einbasischen, gesättigten Säuren.

Beispiele: *Palmitinsäure* (**7**) und *Cerotinsäure* (**11**).

Isolierung einer (gebundenen) einbasischen ungesättigten Säure.

Beispiel: *Ölsäure* (**8**)

Isolierung einer Pflanzensäure (zweibasischen Dioxysäure) über ihre Kalziumverbindung.

2. Beispiel: **Weinsäure.**

Eul. 18, Schm. 578, B. 263, Holl. § 188—195.

100 g roher roter Weinstein werden pulverisiert, etwa ½ Stunde mit 2 L. Wasser gekocht und die Masse heiß im Warmwassertrichter filtriert. Das weinrote Filtrat wird durch Zusatz

von $CaCO_3$ beinahe neutralisiert (die Reaktion der Flsk. muß aber unbedingt sauer bleiben!), dann noch 30 g Chlorkalzium hinzugefügt und die Masse während drei Stunden im kochenden Wasserbade erhitzt.

Nun läßt man die Flsk. absetzen, dekantiert, filtriert den Rückstand und wäscht solange mit kleinen Mengen Wasser nach, bis die ablaufende Flsk. farblos ist.

Der Nds. wird zwischen Filtrierpapier gepreßt, getrocknet, gewogen und mit der berechneten Menge 10 proz. H_2SO_4 in geringem (warum?) Überschuß zersetzt, darauf etwa eine Stunde auf $\pm 70^0$ erwärmt, filtriert, die auf diese Weise vom ausgeschiedenen Kalziumsulfat getrennte Weinsäurelösung im Vakuumapparat eingedampft und schließlich im Vakuumexsikkator über H_2SO_4 eingedunstet. Die ausgeschiedenen, mitunter noch gefärbten Kristalle werden erst einmal aus heißem Wasser — unter Zusatz von Tierkohle —, dann aus 90 proz. A. umkristallisiert.

Ausbeute: 25—50 g.

Reinheitskriterien: Farblose Kristalle. Die wäss. Lsg. (1 = 10) soll sich weder mit Baryumnitrat (H_2SO_4) noch mit Ammoniumoxalat (Kalk) trüben. 0,5 g Weinsäure dürfen beim Verbrennen keinen wägbaren Rückstand hinterlassen.

Erläuterung: Der Weinstein (das schwer lösliche saure Kaliumtartrat, welches sich beim Lagern aus dem Wein absetzt) enthält neben dem sauren, weinsauren Kalium u. a. Kalziumtartrat, rote Farbstoffe und mechanische Verunreinigungen. Das saure Kaliumsalz wird durch Zusatz von Kalziumkarbonat in Kalziumtartrat und neutrales Kaliumtartrat umgesetzt nach folgender Gleichung

$$2 \begin{vmatrix} CHOH-COOK \\ CHOH-COOH \end{vmatrix} + CaCO_3 = \begin{vmatrix} CHOH-COO \\ CHOH-COO \end{vmatrix}Ca + \begin{vmatrix} CHOH-COOK \\ CHOH-COOK \end{vmatrix}$$
$$+ CO_2 + H_2O.$$

Völlige Neutralisation ist dabei zu vermeiden, um die im rohen Weinstein enthaltenen Magnesium-, Eisen- und Aluminiumsalze in Lsg. zu erhalten. Um das lösliche neutrale Kaliumtartrat zu fällen, wird Chlorkalzium zugesetzt, worauf einige Stunden erhitzt wird.

Auf ähnliche Weise können Zitronensäure, Äpfelsäure u. a. Pflanzensäuren isoliert werden.

Weinsäure kommt in Früchten höherer Pflanzen häufig vor, findet sich aber auch in manchen Pilzen.

Isolierung einer Pflanzensäure (dreibasischen Mono-
oxysäure) über ihre Kalziumverbindung.

3. Beispiel: **Zitronensäure.**

Eul. 21, Schm. 610, B. 270, Holl. § 197.

(Dieses Übungspräparat wird am besten im Monat November vorgenommen, weil dann unreife Zitronen zu bekommen sind.)

10 unreife grüne Zitronen werden ausgepreßt, der Saft mit einer 5 proz. Na_2CO_3-Lösung nahezu neutralisiert (die dazu verwendete Menge ist zu notieren!), etwa $\frac{1}{4}$ Stunde in heißem Wasser gestellt und dann sogleich filtriert.

Zum klaren Filtrat füge man 10 proz. Kalziumazetatlösung im Überschuß. Die dazu notwendige Menge wird aus der benutzten Quantität Na_2CO_3 berechnet, indem man annimmt, daß alles gedient hat, um Zitronensäure zu neutralisieren. Schließlich setzt man 50 ccm Kalkwasser hinzu. Man kontrolliere, ob die Flsk. alkalisch reagiert und setze sonst noch so viel Kalkwasser zu, bis die Reaktion alkalisch ist.

Die Flsk. wird jetzt zum Kochen erhitzt, das abgeschiedene Kalziumzitrat heiß im Warmwassertrichter filtriert und verschiedene Male mit kleinen Mengen kochendem Wasser nachgewaschen, dann an der Luft getrocknet, gewogen und mit der berechneten Menge 10 proz. H_2SO_4 etwa $\frac{1}{2}$ Stunde bei mäßiger Temp. im Wasserbade erwärmt. Nachdem man die Zitronensäurelösung vom Kalziumsulfat-Nds. abfiltriert und letzteren einmal mit wenig Wasser nachgewaschen hat, dampft man erst auf freier Flamme, dann auf dem Wasserbade bis zur Bildung einer Kristallhaut ein. Die rohen, gewöhnlich braun gefärbten Kristalle werden unter Zusatz von Tierkohle aus heißem Wasser umkristallisiert.

Ausbeute: Je nach dem Gewicht, dem Saftgehalt und der Reife der Zitronen sehr verschieden: 9—23 g.

Reinheitskriterien: Farblose Kristalle, welche frei von Aschenbestandteilen sein müssen. Die wäss. Lsg. (1 = 10) soll weder durch Baryumnitrat (H_2SO_4) noch durch Ammonoxalatlösung (Kalk) verändert werden.

Erläuterung: Nach der Neutralisation und Erwärmung ist der sonst schwer zu filtrierende Zitronensaft leicht filtrierbar. Das Kalziumzitrat ist in heißem Wasser schwer, in kaltem viel leichter löslich. Beim Filtrieren achte man also darauf, daß die Flsk. nicht zu sehr abkühlt (Warmwassertrichter!). Das Kalziumzitrat wird mittels verd. Schwefelsäure zerlegt nach der Gleichung:

$$(C_6H_5O_7)_2\,Ca_3 \cdot 4\,H_2O + 3\,H_2SO_4$$
$$= 2\,(C_6H_8O_7 \cdot H_2O) + 3\,CaSO_4 + 2\,H_2O$$

Zitronensäure   Gips

Die Zitronensäurelsg. muß vorsichtig eingedampft werden (auf dem Wasserbade oder im Vakuum), weil sonst leicht Verkohlung eintritt.

$$\begin{array}{l} CH_2-COOH \\ | \\ COH-COOH \\ | \\ CH_2-COOH, \end{array}$$

Zitronensäure, kommt rein in Preiselbeeren vor ($\pm$ 1 %), neben Äpfelsäure in Himbeeren, neben Äpfel- und Weinsäure in Vogel- und Erdbeeren und ist überhaupt eine weitverbreitete Pflanzensäure.

Isolierung einer aliphatischen dreibasischen Monooxysäure (aus einem Harze) durch Extraktion mit Alkohol.

4. Beispiel: **Agaricinum (Acidum Agaricinicum).**

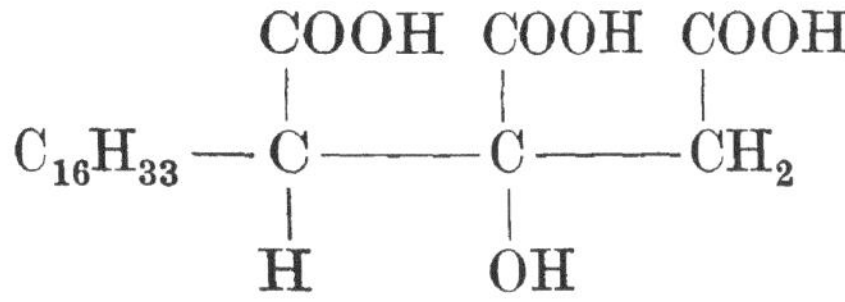

Eul. 239, Schm. 627.

100 g Lärchenschwamm (Agaricus albus) werden in kleine Stücke zerschnitten (Vorsicht, damit kein Staub in Nase oder Mund dringe! Es ist zweckmäßig den Lärchenschwamm vorher mit 90 proz. A. anzufeuchten und ihn dann zu zerschneiden).

Die Masse wird mit 1 L. 90 proz. A. 1 Stunde am Rückflußkühler erhitzt, heiß koliert ausgepreßt und der Preßrückstand nochmals in derselben Weise mit ½ L. A. ausgezogen usw.

Die vereinigten Filtrate werden auf 100 g eingedampft, 5 Tropfen verdünnter Salzsäure hinzugesetzt und 12 Stunden an einen kühlen Ort beiseite gestellt.

Wenn sich nichts mehr ausscheidet, wird die Masse abgesaugt, mit 25 ccm $50^0/_0$ iger A. nachgewaschen, und das gesammelte Rohprodukt mit 250 ccm 60 proz. A. ½ Stunde auf dem Wasserbade gekocht. Die Lösung wird dann durch Filtration von den ungelöst gebliebenen Anteilen getrennt und das Filtrat auf 100 ccm eingedampft.

Die sich beim Erkalten abscheidenden Kristalle werden zwischen Filtrierpapier abgepreßt und, nachdem sie getrocknet worden sind, aus der zehnfachen Menge heißem absoluten Alkohol, eventuell unter Zusatz von Tierkohle, umkristallisiert.

Ausbeute: 12—12,2 g.

Reinheitskriterien: Geruch- und geschmacklose, weiße Kristalle vom Smp. 138—139⁰, die sich in kaltem wäss. Ammoniak klar lösen und beim Verbrennen keinen wägbaren Rückstand zurücklassen.

Erläuterung: Der alkoholische Auszug des Pilzes enthält außer Agarizinsäure u. a. Harzsubstanzen, von denen ein Teil beim Eindunsten auf 100 g in der Mutterlauge in Lsg. bleibt, ein anderer Teil bei der Behandlung des Rohproduktes mit 60 proz. A. ungelöst zurückbleibt. Die 5 Tropfen verd. Salzsäure werden zugesetzt, um etwa vorhandenes Kalzium- oder Magnesiumsalz der Argarizinsäure zu zersetzen.

Isolierung einer flüchtigen Säure der aromatischen Reihe durch Sublimation aus einem Harze.

5. Beispiel: **Benzoesäure (Acidum benzoicum).**

Eul. 90, Schm. 1144, B. 448, Holl. § 311, 312 usw.

250 g Palembangbenzoe werden längere Zeit bei etwa 50⁰ C getrocknet und dann mit Hilfe von 300 g grobkörnigem Sande gepulvert. Dieses Gemisch wird in dünner Schicht auf dem Boden einer flachen, mit Rand versehenen Porzellanschale aus-

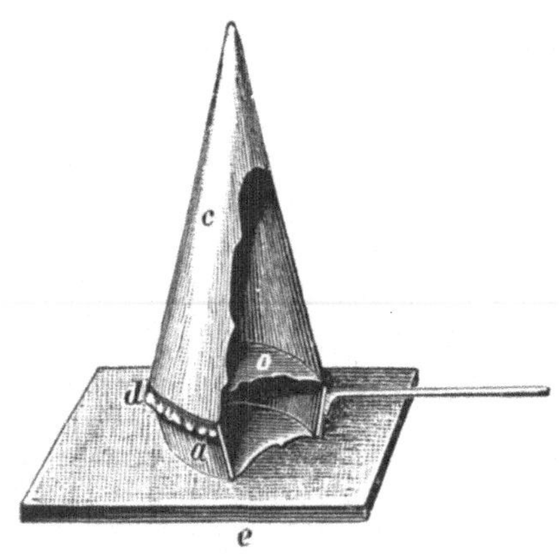

Fig. 57.

gebreitet. Letztere wird mit lockerer Gaze überspannt (um das Zurückfallen der sublimierten Benzoesäure in die Schale zu verhindern) und mit einem konischen, aus festem dichtem Papier gefertigten Hut überdeckt, ähnlich wie Fig. 57 dies angibt.

Die Schale wird alsdann in ein Sandbad gestellt, allmählich auf etwa 170⁰ erhitzt und solange auf dieser Temp. erhalten bis keine Benzoesäure mehr sublimiert. Um dies zu kontrollieren, wird der Hut alle 4 Stunden entfernt und mittels einer Federfahne geleert.

Das Sublimationsprodukt enthält noch empyreumatische u. a. Substanzen und wird deshalb zur weitern Reinigung aus der 20fachen Menge siedenden Wassers unter Zusatz von etwas Tierkohle umkristallisiert, bis das Präparat rein ist.

Ausbeute: 20—21 g.

Reinheitskriterien: Geruchlose, weiße Kristallnadeln; Smp. 120 bis 121⁰.

Erläuterung: Zur Isolierung der Benzoesäure soll man vorzugsweise von Palembangbenzoe — und nicht von Sumatra-Benzoe — ausgehen, weil erstere verhältnismäßig viel Benzoesäure und keine Zimtsäure enthält. Die freie Benzoesäure wird durch das Erhitzen in Dampfform übergeführt. Warum wird die Benzoe mit Sand gemischt? Die Benzoesäure fängt schon bei ± 145⁰ an lebhaft zu sublimieren, obschon sie erst bei 250⁰ siedet. Erhitzen der Masse über 180⁰ ist zu vermeiden, da andernfalls viele empyreumatischen Zersetzungsprodukte gebildet werden.

Auf ähnliche Weise können Kampfer und Vanillin isoliert werden.

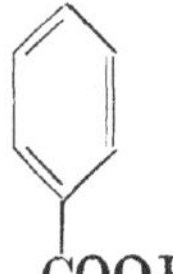

COOH

Benzoesäure ist im Pflanzenreiche sehr verbreitet, kommt u. a. in vielen Harzen (Styrax, Perubalsam), dem Ilang-Ilang-Öl, den Preiselbeeren und dem Waldmeister vor.

Isolierung einer komplizierten aromatischen Säure.
Beispiel: *Pimarsäure* (39).

Speziallit. für organische Säuren: Nr. 6. 12.

Fette und Fettbestandteile.

Eul. 22, Schm. 678, B. 215, Holl. § 85 u. 86.

Die Fette bestehen in der Hauptsache aus den neutralen Glyzerinestern der höhern Fettsäuren (Neutralfette). Unter diesen Säuren kommt — für die Pflanzenfette — der Ölsäure die größte Bedeutung zu (Oleine).

Die Isolierung der Fette erfolgt in der Technik gewöhnlich durch Auspressen des Materials, nötigenfalls — um größere Ausbeute zu erzielen — unter Erwärmung der Presse. Im Laboratorium jedoch werden die Fette meistens extrahiert mittels Schwefelkohlenstoff, PÄ., Ä. o. d.

Die Isolierung und Trennung der einzelnen Glyzeride gehört zu den schwierigen und zeitraubenden Arbeiten. Mitunter aber erhält man durch fraktionierte Kristallisation — eventuell unter sehr starker Abkühlung (ausfrieren!) — bald verhältnismäßig reine Glyzeride.

Zur Isolierung der Fettsäuren und des Glyzerins werden die Fette zuerst mittelst (alkoholischer) Lauge im Überschuß verseift, indem man diese Mischung am Rückflußkühler erhitzt. Die Verseifung ist vollständig, wenn das Reaktionsprodukt sich mit Wasser klar mischt, wobei aber zu berücksichtigen ist, daß Fette öfters unverseifbare Anteile enthalten. Letztere können nach Verdünnung mit Wasser, mit Ä. ausgeschüttelt werden. Nachdem der Ä. durch Abdampfen entfernt ist, werden die Seifen (d. h. die Natrium- oder Kaliumsalze der Fettsäuren) mit Kochsalz ausgesalzen und gesammelt. Das Filtrat enthält das Glyzerin und eventuell Natronsalze der niedern Fettsäuren. Man dampft zur Sirupkonsistenz ein und entzieht dem Rückstand das Glyzerin durch eine Mischung von 3T. A. (95 proz.) und 1 T. Ä.

Zur Isolierung der Fettsäuren werden die Seifen in Wasser gelöst und durch verdünnte Schwefelsäure zerlegt. Die höhern Fettsäuren (von der Kaprylsäure an) sind in Wasser unlöslich. Ihre Trennung beruht teils auf dem verschiedenen Verhalten ihrer Salze Lösungsmitteln gegenüber, teils auf fraktionierter Fällung. So sind die Bleisalze der flüssigen Fettsäuren in Ä. löslich, die der festen unlöslich (siehe Ölsäure), die Baryumsalze der Leinölsäurereihe in wasserhaltigem Ä. löslich, die der Ölsäure unlöslich, während die Baryum- oder Magnesiumsalze der Säuren mit höherem Kohlenstoffgehalt in alkoholischer Lsg. zuerst ausgefällt werden und durch Wiederholung dieser fraktionierten Präzipitation Trennung der verschiedenen Säuren erzielt wird.

Isolierung eines Neutralfettes (eines Triglyzerids).

6. Beispiel: Myristin (Myristinsaures Glyzerid) Schm. 677, B. 177.

100 g Muskatnußöl (Muskatbutter, Oleum nucistae) werden in einem Kolben mit Steigrohr (Fig. 58) mit 300 ccm

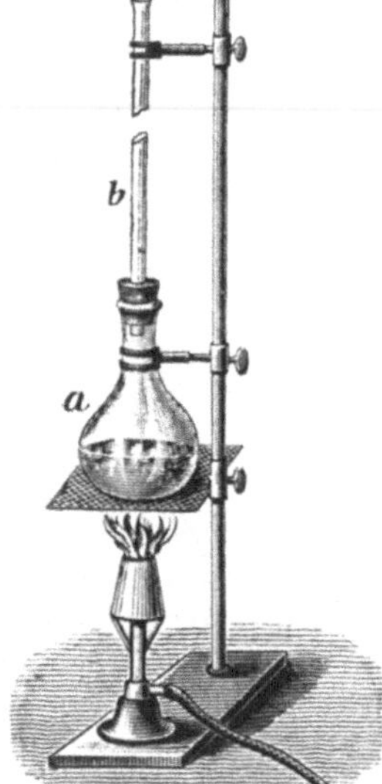

Fig. 58.

90 proz. Alkohol 1 Stunde im Wasserbade erhitzt. Nachdem man die Masse 24 Stunden hat abkühlen lassen, wird sie an der Saugpumpe abfiltriert und mit 50 ccm Alkohol nachgewaschen. Der ganze Prozeß wird mit 200 ccm Alkohol wiederholt.

Alsdann werden die alkohol-unlöslichen Anteile der Muskatbutter in $\pm$ 500 ccm siedendem Äther gelöst und die sofort filtrierte Lösung zur Kristallisation sich selbst überlassen. Die sich alsbald abscheidenden weißen warzenförmigen Kristallaggregate werden gesammelt, mit etwas 96 proz. A. nachgewaschen und bei niedriger Temp. getrocknet. Die letzten Kristallabscheidungen werden gesondert gesammelt und wenn nötig nochmals umkristallisiert.

Ausbeute: 40—43 g.
Reinheitskriterien: weiße geruchlose Kristalle, die keine Asche enthalten sollen. Smp. 55⁰,

Erläuterung: Muskatnußöl enthält nebst dem Hauptbestandteil, dem Glyzerid der Myristinsäure (Myristin) freie Myristinsäure, palmitin- und ölsaures Glyzerin, Farbstoffe und etwa 6% ätherisches Öl. Der Myristinsäure-Glyzerinester ist wie alle Fette in kaltem Alkohol sehr schwer löslich, sodaß die darin löslichen begleitenden Körper der Muskatbutter durch denselben entfernt werden können (Farbstoffe, ätherisches Öl usw.). Warum wird die Muskatbutter zu diesem Zwecke mit Alkohol erwärmt und nicht z. B. mit demselben verrieben? Welche Nebensubstanzen werden nicht — oder nur zum Teil — mit dem A. entfernt, wohl aber durch das Umkristallisieren aus Ä.?

Warum muß das Myristin bei niedriger Tmp. getrocknet werden?

Auf ähnliche Weise wird Tripalmitin aus Palmöl, Tristearin aus Talg u. a. isoliert.

Isolierung einer gesättigten Fettsäure.
7. Beispiel: **Palmitinsäure.**
Eul. 28, Schm. 478, B. 177, Holl. § 80 und 85.

100 g Japanwachs (Cera japonica) werden unter Umrühren durch (etwa einstündiges) Erhitzen in einer Porzellanschale auf dem Wasserbade mit 75 g 40 proz. Kalilauge verseift. Die Seife wird in ½ L. siedendem Wasser gelöst und heiß filtriert. Der heißen Lösung wird so lange 20 proz. Salzsäure zugesetzt, bis sich nichts mehr abscheidet und die Masse eventuell noch erwärmt, bis die abgeschiedene Palmitinsäure sich als eine Ölschicht an der Oberfläche gesammelt hat. Dann läßt man abkühlen, sammelt den erstarrten Kuchen und schmilzt ihn nochmals aus 200 ccm ½ proz. Salzsäure um. Die vereinigten wässerigen, salzsäurehaltigen Flskk. werden auf Glyzerin verarbeitet (9).

Der erkaltete Säurekuchen wird pulverisiert, abgesaugt, mit $\pm$ 200 ccm Wasser ausgewaschen und dann aus der hinreichenden Menge siedendem 60 proz. Alkohol umkristallisiert, bis die Palmitinsäure rein ist. Die Säure wird evtl. durch Vakuumdestillation (Korkstopfen!) nochmals gereinigt (Sdp_{100} 271,5°).

Ausbeute: 41—50 g.

Reinheitskriterien: farblose Nadeln vom Smp. 62°. Soll aschefrei sein.

Erläuterung: Beim Verseifen des Japanwachses, das außer 20 % Beisubstanzen aus japansaurem und hauptsächlich aus palmitinsaurem Glyzerin besteht, bilden sich Kaliumpalmitat und Glyzerin nach der Gleichung:

$$C_3H_5(O \cdot C_{16}H_{31}O)_3 + 3\,KOH = C_3H_5(OH)_3 + 3\,C_{15}H_{31}\,COOK$$

Tripalmitin   Glyzerin Palmitinsaures Kalium

Durch das Filtrieren der Seifenlsg. wird diese von den unverseifbaren Anteilen getrennt.

Warum wird zum Abscheiden der Palmitinsäure zweckmäßiger Salzsäure als Schwefelsäure angewendet? Durch das Umkristallisieren aus Alkohol werden Salze und Japansäure entfernt.

Auf ähnliche Weise kann Palmitinsäure aus Palmöl isoliert werden, Laurinsäure ($C_{11}H_{23}$, COOH) aus Lorbeeröl, Myristinsäure ($C_{13}H_{27}$. COOH) aus Muskatbutter usw.

Palmitinsäure bildet einen Bestandteil von mehreren Fetten.

Isolierung einer ungesättigten Fettsäure über ihre äther-lösliche Bleiverbindung.
8. Beispiel: **Ölsäure**-*Acidum oleinicum*
Eul. 28, Schm. 754, B. 181, Holl. § 137 u. 138.

100 g Mandelöl, das wir bei den Präparaten 20 und 53 als Nebenprodukt gewonnen haben, werden durch Erhitzen mit einer Lösung von 25 g Natriumhydroxyd in 50 ccm Wasser

unter fortwährendem Rühren auf dem siedenden Wasserbade. völlig verseift.

Die Seife lösen wir in 300 g kochendem Wasser, setzen eine Lsg. von 30 g Kochsalz in 90 g Wasser hinzu und kochen, bis die Seife sich völlig abgeschieden hat.

Nach dem Abkühlen wird der Seifenkuchen gepreßt, allmählich mit 50 ccm kaltem Wasser gewaschen und abermals gepreßt.

Mutterlauge und Waschwasser werden auf Glyzerin verarbeitet (9).

Die Natronseife wird in 500 ccm Wasser durch Erwärmen gelöst und alsdann die Fettsäuren mit Hilfe von Bleizucker als Bleisalze gefällt. Nach dem Abkühlen wird der Nds. gesammelt, gewaschen und bei niedriger Temperatur (etwa 50^0) getrocknet.

Das trockene Pulver wird im Soxhlet mit über Chlorkalzium getrocknetem Äther extrahiert. Die ätherische Flüssigkeit wird wenn nötig auf $\pm$ 100 ccm angefüllt und das gelöste Bleioleat durch Schütteln mit 5 proz. Salzsäure zerlegt. Nachdem in dieser Weise alle Ölsäure abgeschieden ist, wird die Ätherschicht abgehoben, zweimal mit etwa 5 ccm Wasser ausgeschüttelt und der Äther abdestilliert. Der Destillationsrückstand besteht gewöhnlich aus reiner Ölsäure, kann aber nötigenfalls durch Rektifizieren im luftverdünnten Raum weiter gereinigt werden.

Ausbeute: 32—51 g.

Reinheitskriterien: farblos, geruch- und geschmackloses Öl von 0,898 spez. Gew. bei 14^0, welches bei $\pm$ 4^0 erstarrt und unter 10 mm Druck bei $285-286^0$ unzersetzt siedet.

Zu dem Prozesse: Mandelöl besteht zum größeren Teile aus Glyzerinolein, das beim Verseifen in Glyzerin und Natriumoleat übergeführt wird nach folgender Gleichung:

$$\begin{array}{ll}
\mathrm{CH_2 \ Öls. \ radikal} & \mathrm{CH_2OH} \\
| & | \\
\mathrm{CH \ Öls. \ radikal} + 3\,(\mathrm{NaOH}) = & \mathrm{CHOH} \\
| & | \\
\mathrm{CH_2 \ Öls. \ radikal} & \mathrm{CH_3OH}
\end{array}$$

$$+ 3 \ \text{Mol. ölsaures Natrium} = [\mathrm{CH_3(CH_2)_7CH = CH(CH_2)_7CO_2Na}].$$

Das Natriumoleat eignet sich besser als das Kaliumsalz zur Abscheidung, weil es nicht so gallertig ist.

Das Natriumoleat wird ausgesalzen, filtriert, ausgewaschen (im Filtrat befindet sich das leicht lösliche Glyzerin), dann in das Bleisalz übergeführt, das mit Ä. extrahiert wird. Dabei geht nur Bleioleat in Lsg., weil die Bleisalze der festen Fettsäuren (wie das Palmitat und Stearat) unlöslich sind. Weshalb muß das Bleisalz bei niedriger Tmp. getrocknet werden?

Ölsäure ist unter gewöhnlichem Druck nur zum Teil unzersetzt flüchtig.

Auf ähnliche Weise wird Erukasäure aus Rapsöl isoliert.

Ölsäure findet sich als Glyzerinester in größerer oder kleiner Menge in den meisten Fetten.

Isolierung des Fettalkohols.

9. Glyzerin.

Eul. 7, Schm. 296, B. 212, Holl. § 151 u. 152.

Wir isolieren das Glyzerin aus den vereinigten Verseifungsflüssigkeiten, welche wir bei der Darstellung der Öl- und Palmitinsäure (siehe dort) erhalten haben. Diese werden zuerst je nachdem die Mischung alkalisch oder sauer reagiert mit verdünnter Schwefelsäure oder mit Natriumkarbonat neutralisiert, und dann bei einer 80^0 nicht übersteigenden Temperatur (vorzugsweise im Vakuum) bis zur Sirupkonsistenz eingedampft. Die abgekühlte Masse wird zweimal mit 100 ccm eines Gemisches von 3 T. A. und 1 T. Ä. ausgezogen, filtriert, das Lösungsmittel im Wasserbade aus einem Fraktionierkolben abdestilliert und der Glyzerin-Rückstand bei hohem Vakuum (etwa 10 cm Quecksilber) destilliert. Das Destillat wird mit der gleichen Menge destillierten Wassers gemischt, dieses bei niedriger Temperatur wieder ausgetrieben, der Rückstand über Natrium sulfuricum siccum getrocknet und dann bei hohem Vakuum rektifiziert. Letzterer Prozeß wird eventuell wiederholt, bis das Glyzerin rein ist.

Ausbeute: 28—33 g.

Reinheitskriterien: farb- und geruchlose Flsk., welche nach der Verdünnung mit 5 T. Wasser weder durch Baryumnitrat, noch durch Chlorkalzium (Sulfat, resp. Oxalsäure) verändert werden soll. Beim Erwärmen (im Wasserbade) darf sich kein übler Geruch bemerkbar machen. Beim Verbrennen darf es keinen Rückstand hinterlassen.

Erläuterung: Bei der Verseifung des Mandelöls und des japanischen Wachses — beide Glyzerinester höherer Fettsäuren — haben sich daraus Seifen und Glyzerin gebildet. Letzteres ist in den von Seifen befreiten Verseifungsflsk. vorhanden. Was muß in denselben neutralisiert werden und warum? Sie sollen bei niedriger Tmp. eingedampft werden, weil sonst leicht Zersetzungsprodukte gebildet werden. Deshalb soll auch das Glyzerin, nachdem es durch Extraktion mit A.-Ä. von den verunreinigenden Salzen (welche Salze?) getrennt worden ist, bei hohem Vakuum destilliert werden. Die Flsk. wird nachher nochmals mit Wasser erwärmt zur Entfernung flüchtiger Fettsäuren.

Glyzerin: $CH_2OH . CHOH . CH_2OH$ kommt hauptsächlich gebunden als Ester in Fetten in der Natur vor.

Reaktionen und Eigenschaften der Fette und Fettbestandteile.

Fette. Man überzeuge sich, daß Myristin (6), ein echtes Fett, auf Papier einen durchscheinenden Fleck macht, der weder beim Liegen noch beim Erhitzen verschwindet (Fettfleck); spezifisch leichter ist als Wasser (also auf demselben schwimmt); und in Wasser und Alkohol fast unlöslich ist, leicht löslich aber in Äther, PÄ. und Benzol. Weitere Eigenschaften fanden bei den Präparaten Anwendung.

Fettsäuren. 1 g Palmitin- und 1 g Ölsäure werden je in 10 ccm Schwefelkohlenstoff gelöst. Zu 5 ccm dieser Lösung werden 20 Proz. einer Bromlösung (in Schwefelkohlenstoff) allmählich hinzugesetzt. Nur letztere Säure nimmt Brom auf, was durch die Entfärbung sichtbar wird. (**Reaktion auf ungesättigte Bindungen**). Auch Fette, welche ungesättigte Fettsäuren enthalten, geben die Reaktion.

Auf 3 ccm 10 proz. Natriumnitritlösung gieße man ca. 1 ccm Ölsäure und setze 1 ccm verdünnte Schwefelsäure hinzu. Bald ist die Ölsäure in die feste isomere Elaidinsäure übergegangen (**Reaktion auf Ölsäure**).

Glyzerin. Zu 3 ccm Glyzerin wird in einem Probierglas etwa ½ g Borsäureanhydrid hinzu gesetzt (dasselbe ist zu erhalten, indem man Borsäure durch Erhitzen in einer Porzellanschale entwässert und den glasigen Rückstand pulverisiert) und die Mischung vorsichtig über freier Flamme erhitzt: Akrolein geruch (Vorsicht!). (**Akroleinreaktion des Glyzerins nach Schoorl.**)

Zu 5 ccm Glyzerin gibt man 1 ccm 5 proz. Kupfersulfatlösung und Kalilauge. Es bildet sich kein Nds. von Kupferhydroxyd, weil ein Kupferalkoholat des Glyzerins entsteht, (diese Reaktion gilt auch für andere Stoffe, welche mehrere Hydroxylgruppen enthalten, z. B. Weinsäure: **Fehlingsche Lsg.**).

Speziallit. für Fette und Fettbestandteile: Nr. 7, 12.

Wachse und Wachsbestandteile.

Eul. 34, Schm. 666, B. 163.

Unter Wachse werden Fettsäureester höherer einwertiger — zuweilen auch zweiwertiger Alkohole — verstanden. Einige enthalten außerdem eine oft nicht unbeträchtliche Menge freier Fettsäuren, Alkohole, Kohlenwasserstoffe u. a. Körper.

Die Gewinnung der Wachse geschieht in recht primitiver Weise, indem die betreffenden Pflanzenteile ausgekocht und das oben schwimmende Wachs gesammelt wird.

Für die Isolierung der Wachsbestandteile sei auf die betreffenden Präparate verwiesen.

Isolierung eines Wachsalkohols.

0. Beispiel: Myricylalkohol = *Melissylalkohol.* $C_{29}H_{29} \cdot CH_2OH$.

Eul. 35, Schm. 209, B. 97, Holl. § 49.

100 g Carnaubawachs (Blattwachs von Copernica cerifera) werden in 500 ccm Xylol gelöst, 600 ccm $\frac{n}{1}$ alkoholische Kalilauge und einige Tonsplitter (Siedeverzug!) hinzugesetzt und die Masse bis zur völligen Verseifung (etwa 2 Stunden) im Wasserbade am Rückflußkühler erhitzt. Nach Zusatz von 500 ccm destilliertem Wasser werden der A. und das Xylol abdestilliert. Die heiße Fls. wird in 2 Lr. kalte gesättigte Kochsalzlösung gegossen, der Nds. gesammelt, mit verdünnter Kochsalzlösung ausgewaschen, gepreßt und getrocknet. Die trockene Masse wird grob gepulvert und dann mit völlig wasserfreiem PÄ. extrahiert. Die erste halbe Stunde wird mit niedrig siedendem PÄ. (40⁰) extrahiert und dieses Extrakt beiseite gestellt, weil es fast nur Verunreinigungen enthält. Dann wird die Extraktion mit hochsiedendem PÄ. (über 100⁰) fortgesetzt, bis der Smp. der extrahierten Anteile 95⁰ C übersteigt, (etwa 40—50 Stunden). Die nicht gelösten Anteile werden auf Cerotinsäure (11.) verarbeitet. Der PÄ. wird aus dem Extrakt abdestilliert, der Rückstand mit dem halben Gewicht an niedrig siedendem PÄ. (40⁰) gekocht, nach dem Erkalten filtriert und ausgepreßt.

Den Rückstand schüttelt man tüchtig mit etwa 250 ccm ½ proz. warmer Salzsäure, läßt erkalten, sammelt den Melissylalkohol und trocknet ihn. Die Substanz wird durch Kochen in leicht siedendem PÄ. gelöst (etwa der 15 fachen Menge) filtriert und das Filtrat durch Verdunstung zur Kristallisation gebracht. Die Kristalle werden, wenn nötig aus Ä. umkristallisiert.

Ausbeute: 32 g.

Reinheitskriterien: Weiße Kristalle, Smp. 85⁰.

Erläuterung: Das zugesetzte Xylol fördert die Verseifung des Karnaubawachses mehr als Alkohol, erstens weil es das Wachs leicht löst, zweitens weil dadurch die Tmp. höher getrieben werden kann. Die Seife muß grob gepulvert und mit wasserfreiem PÄ. ausgezogen werden, weil sonst die Masse nicht zu extrahieren ist, resp. zusammenklebt. Das

Umschmelzen des Melissylalkohols aus sehr verdünnter Salzsäure hat den Zweck, etwa vorhandene Kaliumalkoholate und Seife zu zersetzen.

Myricylalkohol findet sich frei im Lorbeerfett, als Ester in einigen Wachsarten vor.

Isolierung einer Wachssäure.

11. Beispiel: Cerotinsäure. $C_{25}H_{51} \cdot COOH$

Eul. 35, Schm. 483, B. 177.

Die beim Extrahieren mit PÄ. restierenden Anteile des verseiften Carnaubawachses, bestehen hauptsächlich aus cerotinsaurem Kalium. Diese werden in einer zur Lösung hinreichenden Menge siedendem (90 proz.) A. gelöst. Die nicht ganz klare Lsg. wird heiß filtriert. Das Filtrat erstarrt beim Abkühlen zu einer Gallerte. Diese wird abgesaugt, gepreßt, in kochendem Wasser gelöst, durch verd. Salzsäure zerlegt und nachdem sie noch einige Male aus Wasser umgeschmolzen worden ist, gesammelt und getrocknet.

Diese rohe Cerotinsäure wird mit einer, zur völligen Lösung nicht ganz hinreichenden, Quantität niedrig siedenden PÄ. (etwa 40^0) gekocht, heiß filtriert, das Filtrat vom PÄ. befreit und die Cerotinsäure aus siedendem 70 proz. A. und schließlich aus Ä. umkristallisiert.

Ausbeute: 30 g.

Reinheitskriterien: weiße Kristalle; Smp. $78{,}8^0$.

Erläuterung: Beim Auskochen der rohen Cerotinsäure mit PÄ. bleibt eine bei etwa 100^0 schmelzende Säure zurück.

Cerotinsäure kommt frei in Carnaubawachs vor, als Ester in manchen Wachsarten und als Glyzerid u. a. im fetten Öl von Filix.

Speziallit. für Wachse und Wachsbestandteile: Nr. 7, 12.

Kohlenhydrate.

Eul. 38, Schm. 897, B. 308, Holl. 202—207, 212, 213, 224.

Unter dieser Bezeichnung faßt man eine Reihe von Körpern zusammen — Zuckerarten, Stärke, Gummi, Zellulose — weil bei allen wichtigern hierher gehörenden Kohlenstoffverbindungen das Verhältnis zwischen Wasserstoff und Sauerstoff dasselbe ist wie im Wasser. Sie haben die empirische Formel $C_x\,H_{2n}\,O_n$. Man teilt sie ein in Monosen, Biosen und Polyosen.

Zur Isolierung von Kohlenhydraten wird im allgemeinen zuerst eine wässerige oder weingeistige Lsg. derselben hergestellt durch Extraktion der betreffenden Pflanzenteile mit den genannten Lösungsmitteln. Dabei empfiehlt es sich, das Ausgangsmaterial vorher durch Extraktion mit Ä. oder PÄ. — in welchen Flskk. die Kohlenhydrate unlöslich sind — zu reinigen. Die Kohlenhydratlösung wird nun, was z. B. die Monosen Fruktose und Glukose wie Rohrzucker betrifft, durch Extraktion mit kaltem Wasser oder heißem verd. A. (± 50 proz.) erzielt. Zusammengesetzte Kohlenhydrate wie Gummi, Pflanzenschleime, u. a. werden manchmal zweckmäßig isoliert durch Extraktion mit kaltem (Gummi) oder heißem Wasser und Fällung mit Alkohol. Die Hemizellulosen, Pentosane und Oxyzellulosen sind unlöslich in Wasser und Weingeist, was die beiden ersten anlangt aber löslich in verdünnten Alkalien; die Oxyzellulosen sind nur zum Teile in diesen löslich. Durch Zusatz von Säuren werden diese Kohlenhydrate wieder abgeschieden. Sie sind aber meistens sehr schwer rein darzustellen.

Eine andere für uns etwas wichtigere Gruppo von Kohlenhydraten bildet die Zellulose-Lignin-Gruppe. Diese Substanzen sind weder in Wasser, A., Alkalien noch in verd. Säuren löslich. Sie verbleiben bisweilen in ziemlich reinem Zustande, wenn man die Materialien nacheinander mit den genannten Lösungsmitteln behandelt hat.

Wie werden nun die Kohlenhydrate aus ihren Lösungen abgeschieden und rein dargestellt? Wir haben oben schon einiges darüber erwähnt, und können weiter, speziell hinsichtlich der für uns wichtigsten Gruppe der Monosen und Biosen, der eigentlichen Zuckerarten, noch folgendes mitteilen.

Man kann bei der Isolierung dieser Kohlenhydrate 3 Fälle unterscheiden:

I. Direkte Isolierung der Kohlenhydrate aus ihrer Lsg., ohne vorherige Reinigung (13.),

II. Isolierung der Kohlenhydrate nach vorheriger Reinigung,

III. Isolierung von Kohlenhydraten durch Fällung derselben mittelst anderer Substanzen und Wiederabscheidung aus den Ndss.

a) Fällung mittelst alkalischen Substanzen,
b) „ „ Phenylhydrazin.

Zu II: Im allgemeinen erhält man bessere Ausbeute und ein reineres Produkt, wenn man die Lösungen der Kohlenhydrate vor dem Eindampfen reinigt. Dies geschieht je nach der Natur der Beimengungen auf verschiedene Art. Üblich sind: Aufkochen (Entfernung der Eiweiße); Entfernung von Farbstoffen, Eiweiß, Schleim usw. durch Fällung mit Bleiacetat, (gewöhnlich nachdem man die Lsg. konzentriert hat), filtrieren, entbleien, eindampfen usw.; entfärben mittelst Kohle, usw.

Zu IIIa. Die losen Verbindungen der einfachen Kohlenhydrate mit Kalium- oder Natriumhydrat sind in A. schwer löslich. Über diese Verbindungen können die Kohlenhydrate dann gereinigt werden. Durch verd. H_2SO_4 können sie frei gemacht werden. Besonders wichtig zur Reinigung sind die in Wasser schwer löslichen Verbindungen mit den alkalischen Erden, Kalzium, Baryum und Strontium. Durch Zusatz von Kalziumhydrat z. B. wird Fruktose (14) gefällt. Diese Verbindungen werden gesammelt, gewaschen und durch Kohlensäure oder Oxalsäure wieder zerlegt.

Zu IIIb. Es können Mannose und Rhamnose über ihr Phenylhydrazon isoliert und gereinigt werden. Diese wichtige Methode stammt von Emil Fischer. Die Kohlenhydrate werden regeneriert mittelst Benzaldehyd, resp. die substituierten Phenylhydrazone mittelst Formaldehyd. Dabei entsteht z. B.: Kohlenhydrat + Benzaldehydphenylhydrazon (s. 15).

Die einzelnen Kohlenhydrate werden weiter selbstverständlich auf sehr verschiedenen Wegen gereinigt.

Wir wollen schließlich hier noch hinweisen auf eine besondere Darstellungsweise von einfacheren Kohlenhydraten, nämlich durch Hydrolyse aus höheren Kohlenhydraten, Glykosiden usw. Die hydrolytische Spaltung kann durch Enzyme oder Kochen mit verd. Mineralsäuren bewirkt werden. Wir haben zwei derartige Übungspräparate (12 u. 15) aufgenommen und verweisen darauf bezüglich Einzeilheiten.

Isolierung einer Monose (Pentose) durch Hydrolyse von Polyosen.

12. Beispiel: l-Arabinose.

Eul. 44, Schm. 307, B. 310, Holl. § 207.

250 g Kirschgummi werden zu grobem Pulver zermahlen, in einen 3 Lr. fassenden Kolben gebracht, 1½ L. Wasser hinzugesetzt, die Masse unter gelegentlichem Umschütteln ½ Stunde beiseite gestellt und durch allmähliches Erwärmen im Wasserbade weiter zum Quellen gebracht. Nach etwa ¼ Stunde werden 600 ccm 10 proz. Schwefelsäure zu der Masse gegossen, der Kolben durch einen mit Steigröhre versehenen Kork verschlossen und 10 Stunden lang im siedenden Wasserbade erhitzt.

Die Masse wird noch heiß in eine große (etwa 10 L. fassende) Porzellanschale gebracht und sofort mittelst Kalziumkarbonat neutralisiert (mit Kongopapier zu kontrollieren). Man bedarf dazu etwa 300 g Kalziumkarbonat. Die Masse wird auf dem Wasserbade vorsichtig erhitzt bis alle Kohlensäure ausgetrieben ist und die Temp. etwa 90° beträgt. Nun wird abermals auf Neutralität geprüft, und nötigenfalls noch etwas Kalziumkarbonat hinzugegeben. Die heiße Flsk. wird durch ein Tuch koliert, die Kolatur mit etwa 1 g guter Preßhefe versetzt und in eine mit Gärrohr versehene Flasche gegeben. Die Flasche wird, vorzugsweise bei 30—35°, solange beiseite gestellt, bis keine Kohlensäure mehr gebildet wird. — In einigen Fällen findet aber überhaupt keine sichtbare Kohlensäureentwicklung statt. — Dann wird die Masse im Vakuum bis auf 100 ccm eingedampft, portionenweise das doppelte Volumen 90 proz. A. hinzugefügt, abfiltriert von den abgeschiedenen Gummisubstanzen und das Filtrat im Vakuum auf 50 ccm eingedampft, 100 ccm 70 proz. A. hinzugesetzt und wieder filtriert. Das braune Filtrat wird mit Blutkohle entfärbt und dann in einem Vakuumexcikkator über Kalk zur Kristallisation hingestellt. Die abgeschiedenen Kristalle werden nochmals aus siedendem 70 proz. A. umkristallisiert und wieder im Vakuum zur Kristallisation gebracht.

Ausbeute: 20—31 g.

Reinheitskriterien: farblose Kristalle; Smp. 160°; nicht gärungsfähig.

Erläuterung: Kirschgummi, der erhärtete Saft, der aus dem Kirschbaum fließt, enthält als Arrabane bezeichnete Polyosen, welche bei der hydrolytischen Spaltung durch H_2SO_4 vorwiegend Arabinose liefern. Warum wird nach der Hydrolyse mit Kalziumkarbonat und nicht mit Natronlauge neutralisiert und warum wird die neutralisierte Flsk. absichtlich heiß filtriert?

Die Flsk. wird der Hefegärung ausgesetzt, weil sie fast immer Galaktose und manchmal auch Glukose enthält, welche Monosen gärungsfähig sind und deshalb zerstört werden. Arabinose dagegen vergärt nicht (vgl. auch 78). Durch die wiederholte Behandlung mit verdünntem A. und nachfolgender Filtration werden noch vorhandene Gummisubstanzen entfernt. Die letzten Anteile der braunen färbenden Stoffe sind jedoch nur schwierig fort zu schaffen.

Isolierung einer Monose (Hexose) durch direkte Kristallisation aus dem Extrakte.

13. Beispiel: d-Glukose.

Eul. 45, Schm. 961, B. 317, Holl. § 208.

100 g kristallisierter Honig werden mit 100 ccm Methylalkohol im Mörser verrieben, überdeckt und unter zeitweiligem Umrühren 3 Stunden beiseite gestellt. Dann wird die Masse abgenutscht und mit wenig Methylalkohol nachgewaschen.

Dieser Prozeß wird noch drei Mal wiederholt. Die letzten 100 ccm Extrakt werden weggeworfen. Die vereinigten Filtrate werden auf Fruktose verarbeitet. (14).

Der Rückstand wird in der eben hinreichenden Menge siedenden Methylalkohols gelöst und zum Auskristallisieren an kühlem Orte beiseite gestellt. Falls die Glukose nach einigen Tagen nicht auskristallisiert ist, impft man die Lösung. Die abgeschiedenen Kristalle werden gesammelt und mit etwas Methylalkohol nachgewaschen und eventuell nochmals aus siedendem 90 proz. A. umkristallisiert. Aus der Mutterlauge werden eventuell durch Eindunsten weitere Glukosekristalle gewonnen, wobei aber zu beachten ist, daß man sie höchstens auf die Hälfte abdampfen soll, weil die Kristallabscheidungen sonst zu sehr verunreinigt werden.

Ausbeute: 20—24,6 g.

Reinheitskriterien: Weiße Kristalle, welche beim Erhitzen gegen 60^0 erweichen und gegen 86^0 schmelzen.

Erläuterung: Für dieses Präparat darf keinesfalls verflüssigter Honig verwendet werden. Es sollte daher im Winter dargestellt werden, im Sommer ist der Honig manchmal zähflüssig. Honig ist ein Gemisch, das nahezu 80—85 % natürlichen Invertzucker (Gemisch aus gleichen Teilen Glukose und Fruktose) enthält. Fruktose ist leicht, Glukose schwer löslich in Methylalkohol. Es dauert bisweilen sehr lange, bevor die Glukoselsg. Kristalle ausscheidet.

Traubenzucker findet sich u. a. frei in süßen Früchten, gebunden in den meisten Glykosiden und in manchen Bi- und Polyosen (Saccharose, Stärke, Zellulose), ist überhaupt die am reichlichsten vorkommende unter allen Zuckerarten.

Isolierung einer Monose (Hexose) über ihre Kalziumverbindung.

14. Beispiel: d-Fruktose.

Eul. 48, Schm. 984, B. 318, Holl. § 209.

Die bei Glukose erwähnte methylalkoholische Fruktoselsg. wird bei niedriger Temperatur in einer tarierten Schale vom Lösungsmittel befreit, der Verdampfungsrückstand unter Eiskühlung mit der 10 fachen Menge Wasser verd., dem man 7 % Kalziumhydroxyd zugesetzt hat.

Die Masse wird in Eiswasser gekühlt, wobei sie allmählich zu einem Kristallbrei von Kalziumfruktosat $C_6H_{12}O_6Ca(OH)_2$ erstarrt, den man auspreßt, mit Wasser anrührt, wieder auspreßt, in 200 ccm Wasser suspendiert und mittels Kohlensäure zersetzt. Die Fruktoselsg. wird vom ausgeschiedenen Kalziumkarbonat abgesaugt, das Filtrat zum Sirup eingedunstet und durch Impfen mit Fruktosekristallen zur Kristallisation gebracht. Die Kristalle werden, wenn nötig, unter Zusatz von etwas Blutkohle aus siedendem 50 proz. A. umkristallisiert.

Ausbeute: 22—28 g.

Reinheitskriterien: kleine, harte Kristalle; Smp. 95⁰. $^1/_2$ g soll beim Verbrennen keinen wägbaren Rückstand zurücklassen.

Erläuterung: Fruktose bildet eine schwerlösliche Kalziumverbindung, welche von den leicht löslichen der Glukose durch Auspressen und Auswaschen leicht befreit werden kann. Die Fruktose kristallisiert freiwillig nur schwierig, die Lösung wird deshalb geimpft.

Fruktose, Fruchtzucker, ist fast ebenso verbreitet wie Glukose und begleitet diese gewöhnlich. Sie tritt aber quantitativ sehr in den Hintergrund. Auch in Polyosen — wie in Inulin — findet es sich vor.

Isolierung einer Monose (Hexose) durch Hydrolyse einer Polyose und über ihr Phenylhydrazon.

15. Beispiel: Mannose.

Eul. 48, Schm. 982, B. 317, Holl. § 210.

Dieser Körper wird am besten nach der Vorschrift von E. Fischer und Hirsch dargestellt, welche hier, etwas abgeändert, folgen wird.

100 g Steinnußspäne (Späne, welche beim Drehen von Knöpfen aus den Steinnüssen, den harten Samen von Phytelephas- und Coelococcusarten, abfallen) werden mit einer Mischung von 45 ccm 25 proz. Salzsäure und 155 ccm Wasser in einem Kolben mit Rückflußkühler 6 Stunden lang im siedenden Wasserbade erhitzt.

Dann wird die Masse filtriert, mit 100 ccm siedendem Wasser nachgewaschen, das Filtrat mit Natriumkarbonat neutralisiert und mit etwas Tierkohle erwärmt.

Die abermals filtrierte Flüssigkeit wird nun mit 35 g mit (30 proz.) Essigsäure gesättigtem Phenylhydrazin versetzt. Das abgeschiedene Mannose-Phenylhydrazon wird am nächsten Tage durch Dekantieren und Waschen mit etwas Wasser gesammelt und dann getrocknet. Ausbeute: etwa 35 g.

50 g dieses Hydrazons werden mit einer Mischung von 50 g Wasser, 50 g A. (95 %) und 40 g Benzaldehyd in einem mit Rückflußkühler versehenen Kolben ½ Stunde lang im Wasserbade erhitzt. Nun läßt man erkalten, nutscht vom ausgeschiedenen Benzaldehyd-Phenylhydrazon ab, schüttelt das Filtrat zweimal mit 25 ccm Ä. aus, entfärbt es durch Erwärmen mit Blutkohle, filtriert und dampft bei mäßiger Wärme zur Sirupkonsistenz ein. Der Sirup wird durch Impfen zum Kristallisieren gebracht und schließlich aus wenig Wasser umkristallisiert.

Ausbeute: 20—22 g.

Reinheitskriterien: farblose, bei 132⁰ schmelzende Kristalle; rechtsdrehend, gärungsfähig.

Erläuterung: Die Steinnüsse enthalten ein zu den Hemizellulosen gehörendes Lävulomannan, welches bei der hydrolytischen Spaltung 20 T. Mannose und 1 T. Fruktose liefert. Diese Monosen werden in der angeführten Weise in ihre Phenylhydrazonverbindungen übergeführt, von denen das Mannose-Phenylhydrazon (Smp. 188⁰) schwer löslich ist.

$$CH_2OH(CHOH)_4CH\,OH_2\,N\,.\,NHC_6H_5$$

Mannose-Phenylhydrazon

Dieses Hydrazon scheidet sich bald aus, während Fruktose Phenylhydrazon u. a. Verunreinigungen in Lösung bleiben und durch Filtration entfernt werden.

Aus dem Hydrazon wird die Mannose durch Kochen mit Benzaldehyd im Überschuß zurückgewonnen, wobei Benzaldehyd-phenylhydrazon gebildet wird.

$$C_6H_{12}O_5 : NNHC_6H_5 + C_6H_5COH = C_6H_{12}O_6 + C_6H_5CH : NNHC_6H_5.$$

Die Mannoselösung wird zur Entfernung von Verunreinigungen (welche u. a.?) mit Ä. ausgeschüttelt. Der Zuckersriup muß fast ohne Ausnahme durch Impfen zum Kristallisieren gebracht werden. Kristallisierte Mannose kann man sich für diesen Zweck nach der Methode von Ekenstein herstellen. Eine kleine Menge des Mannosesirups wird in Methylalkohol gelöst und ein halbes Volumen Ä. hinzugegeben. Am nächsten Tage wird die ätherisch-alkoholische Lsg. vom ausgeschiedenen Sirup abgegossen und so lange beiseite gestellt, bis sich Kristalle abgeschieden haben, welche als Impfkristalle zu benutzen sind.

Mannose kommt frei vor in Orangenschalen, gebunden im Salepschleim usw.

Isolierung einer Biose aus einer wässerigen Lösung nach vorheriger Reinigung.

16. Beispiel: **Rohrzucker** (*Saccharose*).

Eul. 51, Schm. 992, B. 321, Holl. § 216.

1 kg Zuckerrüben werden in sehr kleine Stücke geschnitten (oder grob zermahlen) und die Masse auf zwei Perkolatoren verteilt. Dann wird in einem Perkolator mit Wasser von 20—25⁰ langsam perkoliert (10 Tr. pro Minute). Der Ablauf wird zur Perkolation der andern Hälfte benutzt, was so lange fortgesetzt wird, bis die abtropfende Flüssigkeit nicht mehr süß schmeckt. Nun wird auf 100 ccm Saft 1 g. Kalziumoxyd zugesetzt, die Masse erhitzt und die abgeschiedenen Eiweißstoffe abfiltriert. In das Filtrat wird Kohlensäure eingeleitet, wieder filtriert, das Filtrat — die Rohrzuckerlsg. — mit Blutkohle entfärbt, im Vakuum zur Sirupkonsistenz eingedampft, zur Kristallisation an einen kühlen Ort hingestellt und eventuell umkristallisiert.

Ausbeute: 56—98 g.

Reinheitskriterien: farblose Kristalle, 1 g Saccharose wird in 1 ccm Wasser gelöst; auf Zusatz des gleichen Volumens 90 proz. A. soll keine Ausscheidung stattfinden. Die 10 proz. Lösung soll durch Oxalsäurelsg. nicht getrübt werden und Fehlingsche Lsg. kaum reduzieren.

Erläuterung: Beim Kochen mit Kalk scheiden sich aus dem Zuckerrübenextrakt Eiweißstoffe, Schleim usw. ab, die Säuren werden neutralisiert und dabei in die schwer löslichen Kalziumverbindungen übergeführt. Alle diese Verunreinigungen werden durch Filtration beseitigt. Im Filtrat wird der gelöste Zuckerkalk (Dreifach-Zuckerkalk $C_{12}H_{22}O_{11}$ 3 CaO) mittels Kohlensäure zerlegt (auf welche Weise?). Es dauert bisweilen lange, bis die Zuckerlsg. zu kristallisieren anfängt, was durch Impfen beschleunigt werden kann.

Rohrzucker, das Anhydrid aus 1 Mol. d-Glukose und 1 Mol. d. Fruktose kommt in geringer Menge in zahlreichen Pflanzen vor, während man es als Reservenahrung in manchen Wurzeln (Zuckerrübe), Rinden und Märken (Zuckerrohr) usw. in beträchtlichen Mengen antrifft.

Isolierung einer Polyose auf mechanischem Wege.

17. Beispiel: Stärke.

Die bei der Isolierung von Glutenin und Gliadin erhaltene Stärkesuspension (siehe **50**) wird in ein tiefes Gefäß aufgefangen. Von Zeit zu Zeit hört man mit dem Kneten des Weizenmehles auf, läßt die Suspension zu Boden sinken und gießt die überstehende Flsk. ab. Das ganze unreine Stärkesediment wird schließlich mit ca. 1 l. des Waschwassers in eine Flasche gegossen die, mit Filtrierpapier bedeckt, 10 Tage bei 20° stehen gelassen wird. Dann wird das Sediment in einem hohen Zylinderglas (oder Maßzylinder) durch Dekantieren und Auswaschen gereinigt, bis das Waschwasser nicht mehr sauer reagiert auf Lackmuspapier, die obere Schicht des Sedimentes vorsichtig abgeschabt, der Rückstand abgesaugt und bei niederer Temp. (30°—35°) getrocknet.

Ausbeute: 438 g.

Reinheitskriterien: Mikroskopisch soll das Produkt nur die zwei Arten der Weizenstärkekörner und keine Fremdkörper aufweisen. 1 g soll beim Verbrennen keine Asche zurücklassen.

Erläuterung: Die Stärkekörner gehen leicht durch den Sieb B_{50} hindurch (die größten Körner sind nur 45 μ), begleitet von Gewebs- und Kleberteilen und löslichen Bestandteilen. Durch das lange Stehen bei 20° vergären diese Verunreinigungen zum größten Teile, Stärke ist dagegen nicht direkt vergärbar. Die Flsk. wird dabei sauer, weshalb gewaschen werden muß, bis das Waschwasser neutral reagiert. In der oberen Schicht des Sedimentes sammeln sich Staub usw., welche durch Abschaben zum größern Teil entfernt werden können.

Warum wird bei niedriger Temp. getrocknet?

Auf ähnliche Weise kann u. a. Reisstärke isoliert werden.

Stärke $(C_6H_{10}O_5)$ x . H_2O ist die verbreitetste Form, in welcher die Pflanzen ihre Kohlenhydrate als Reservestoff aufspeichern. In Speichergeweben ist der Stärkegehalt nicht selten über 70% des Trockengewichtes.

Isolierung einer Polyose durch Extraktion mit verdünntem Alkohol.

18. Beispiel: Inulin.

Eul. 62, Schm. 943.

Dieses Präparat wird am besten etwa im Oktober dargestellt.

Wenn die Dahlienknollen im Spätsommer (etwa Oktober) aus dem Garten geholt werden, schneidet man daraus 1 kg der mehrjährigen Knollen. Diese werden zu einem Brei zerstampft, koliert, ausgepreßt, mit 2 l. Wasser angerührt, 20 g. Calciumcarbonat zugesetzt, ½ Stunde auf etwa 100⁰ erwärmt, heiß koliert und ausgepreßt. Die vereinigten Preßsäfte werden aufgekocht, filtriert, auf 500 ccm eingedampft und mit dem gleichen Volum Spiritus 95% gemischt. Nach ¼ Stunde wird filtriert und das Filtrat an einen kühlen Ort hingestellt.

Nach 48 Stunden wird durch ein Faltenfilter filtriert, mit 70 proz. A. nachgewaschen, die Masse in möglichst wenig siedendem Wasser gelöst und während 2 Tage an einen kühlen Ort beiseite gestellt. Die abgeschiedene weiße Masse wird gesammelt, mit wenig kaltem Wasser nachgewaschen, in heißem Wasser gelöst, 95 proz. A. bis zur beginnenden Trübung hinzugegeben, erhitzt, bis die Lsg. wieder klar ist, und dann in einem Becherglas im Vakuumexsikkator über Schwefelsäure gestellt. Das nunmehr reine Inulin scheidet sich allmählich aus und wird fraktioniert gesammelt, weil die letzten Abscheidungen wieder Verunreinigungen enthalten. Diese werden beseitigt.

Ausbeute: 43—58 g.

Reinheitskriterien: Weiß; 0,5 g sollen beim Verbrennen keinen wägbaren Rückstand hinterlassen. Von Jod darf es nur gelblich gefärbt werden. Darf Fehlingsche Lsg. nicht reduzieren.

Erläuterung: Durch das Aufkochen werden Eiweißstoffe beseitigt; Calciumcarbonat bindet die Säuren, welche sonst spaltend auf auf das Inulin einwirken. Durch die Behandlung mit starkem A. werden Schleimsubstanzen, Aschenbestandteile usw. gefällt.

Inulin findet sich, besonders im Herbst, in vielen Kompositen-Wurzeln aufgespeichert. (Inula Helenium bis 44%, Helianthus tuberosus bis 50 proz.)

Reaktionen und Eigenschaften der Kohlenhydrate.

Die Konstitutions-Formeln der einzelnen Zuckerarten werden hier nebeneinander folgen, weil dadurch der Unterschied und Zusammenhang deutlicher hervortritt.

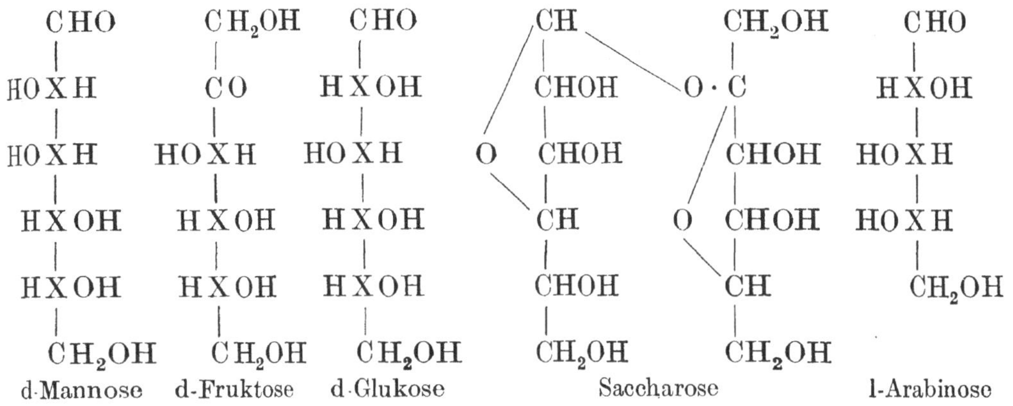

Die asymetischen Kohlenstoffatomen sind durch X bezeichnet worden.

Man stelle sich zuerst etwa 20 g 5 proz. Lsg. der isolierten Saccharose, Glukose, Fruktose, Mannose und Arabinose her.

Polyosen-Zuckerarten. Man erhitzt ein wenig der Polyose-Stärke trocken in einem Probierrohr: allmähliche Schwärzung und Verkohlung.

Erhitzt man eine der Zuckerarten auf dieselbe Weise, so sieht man, daß diese unter Braunfärbung schmelzen. Allmählich werden sie dann in mannigfache Stoffe zersetzt, worunter Furfurol nachgewiesen werden kann, indem man in die Mündung des Probierrohres ein Streifchen Papier hält, welches mit einer Lsg. von Anilinazetat betupft wurde: Rotfärbung. Anilinazetat kann man sich folgendermaßen darstellen: Man setze zu einer Mischung von 1 ccm Wasser und 1 ccm Anilin unter starkem Schütteln tropfenweise Eisessig, bis die milchige Fls. plötzlich klar wird.

Saccharose-Monosen. Zu 5 ccm der Glukose und der Saccharoselsg. gibt man je 1 ccm 20 proz. Kalilauge und erhitzt. Erstere Lsg. wird allmählich braun gefärbt, letztere nicht. (Unterschied zwischen Saccharose und den Monosen.)

Hexosen-Pentosen. Um Pentosen von Hexosen zu unterscheiden, setzt man zu einer Messerspitze Arabinose bzw. Glukose 1 ccm 10 proz. alkoholischer Phlorogluzinlsg. hinzu und dann 1 ccm Salzsäure von ca. 36 % und erhitzt sehr langsam bis zum Sieden. Arabinose: tief rot-violett; Glukose: rot bis braun; die rot-viollette Farbe geht in Amylalkohol über. — Siehe weiter auch die Gärprobe.

Reduktionsproben. Fehlingsche Lsg. wird durch Stärke und Saccharose nicht reduziert, wohl aber durch die erwähnten

Monosen (Glukose usw.), indem sich aus der blauen Lsg. des Kupfersalzes ein roter Nds. von Kupferoxydul abscheidet. Der Versuch wird angestellt durch Aufkochen von 5 ccm der Kohlenhydratlsg. mit 1 ccm Fehlingscher Lsg. über freier Flamme. (Fehlingsche Lsg. besteht aus I. einer Lsg. von 346 g Seignettesalz + 100 g Natriumhydroxyd in Wasser ad 1 L.; II. einer Lsg. von 69,28 g Kupfersulfat in Wasser ad 1 L.; gesondert aufzubewahren und bei Bedarf gleiche Volumina mischen.)

In derselben Weise wird Nylandersche Lsg. zu schwarzem Bismuthoxydul; eine ammoniakalische Silberlsg. zu metallischem Silber reduziert. Man erhitze dazu 5 ccm der Zuckerlsg. mit 1 ccm Nylanderscher Lsg.: schwarzer Nds.; und setze zu einer 10 proz. Lsg. von Silbernitrat so lange 10proz. Ammoniaklsg. zu, bis der anfangs entstehende Nds. sich eben wieder löst, und erwärme in einem sorgfältig gereinigten Reagenzrohr 5 ccm dieser Lsg. mit 5 ccm Monoselsg.; es bildet sich an den Wänden des Reagenzrohres ein Silberspiegel.

Hydrolyse. Durch Hydrolyse mittels Säuren oder gewissen Enzymen spalten sich die Biosen usw., wie die Polyosen in Monosen, welche nach eventueller Neutralisation mit 5 proz. Natriumkarbonatlsg. durch obenerwähnte Reduktionsproben, wie durch die unten zu erwähnenden Reaktionen der Monosen bzw. der speziellen Zuckerarten nachzuweisen sind. 5 ccm obenerwähnter Rohrzuckerlsg. werden mit 3 ccm 25 proz. Salzsäure 5 Min. oder länger gekocht. Die abgekühlte Flsk. wird mit Sodalsg. neutralisiert und dann auf Monosen untersucht (die hier gebildeten Monosen sind Glukose und Fruktose). Betreffs Hydrolyse von Polyosen durch Säuren siehe bei den Präparaten 12 u. 15, von Stärke durch ein Enzym bei Diastase (54).

Gärprobe. Arabinose-, Glukose- und Saccharoselsg. werden in einem Gärungsrohr (Fig. 59) mit einem erbsengroßen Stück guter Preßhefe versetzt. Man überzeuge sich, daß nur bei der Glukose Gasentwicklung auftritt. Nur Triosen, Hexosen und Nonosen sind gärungsfähig.

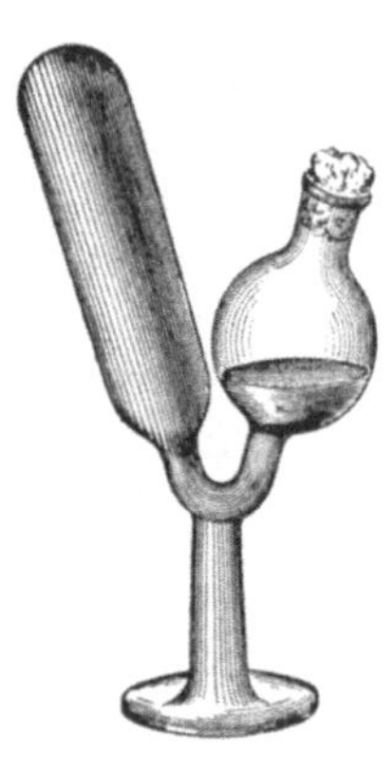

Fig. 59.

Osazonreaktion. Die Monosen bilden mit Phenylhydrazin mehr oder weniger schwer lösliche gelbe Osazone, indem 2 Mol. Phenylhydrazin mit 1 Mol. Zucker in Reaktion treten, z. B. nach der Formel

$$C_6H_{12}O_6 + 2\,C_6H_5 \cdot NH \cdot NH_2 =$$

Glukose Phenylhydrarin

$$= C_5H_{10}O_4\,(N \cdot NH \cdot C_6H_5) + 2\,H_2O + 2\,H.$$

Glukosazon

20 Tr. Phenylhydrazin werden mit 15 Tr. Eisessig gemischt, und 15 ccm Wasser hinzugesetzt. Die Flsk. wird durch ein Wattepfröpfchen filtriert, in 4 Reagenzgläser verteilt und mit je 1 ccm der Arabinose-, Mannose-, Glukose- und Saccharoselsg. versetzt. Man überzeuge sich, daß das Mannosazon sich schon in der Kälte ausscheidet, nachdem das Reaktionsgemisch ½ bis 1 Stunde gestanden hat. Dann fängt man an, die drei anderen Röhrchen im Wasserbade zu erwärmen; nach 5—30 Min. scheiden sich das gelbe Glukosazon und Arabinosazon aus. Saccharose aber gibt erst die Reaktion, wenn ein Teil derselben durch die vorhandene Essigsäure in Glukose und Fruktose gespalten worden ist; für sich allein reagiert es nicht. Mannose, Glukose und Saccharose bilden dasselbe Glukosazon.

Farbenreaktionen. Als allgemeine Farbenreaktion für Kohlenhydrate sei hier diejenige von Molisch erwähnt.

Zu 3—5 Tr. Zuckerlsg. (oder etwa 10 mg Polyose in 1 ccm Wasser) setzt man 2 Tr. einer 10proz. alkoholischen α Naphthollsg. Diese unterschichtet man vorsichtig mit 2 ccm konz. Schwefelsäure. Bei Gegenwart von Fruktose und fruktosehaltigen Kohlenhydraten (wie Rohrzucker) bildet sich sogleich eine tief-violette Zone, bei Gegenwart von andern Zuckern tritt erst beim vorsichtigen Mischen oder Erwärmen allmählich Färbung ein. Man stelle das Erwähnte durch Versuche mit Glukose, Fruktose und Rohrzucker fest. Die Färbung scheint durch Kondensation vom α-Naphthol mit gebildetem Furfurol hervorgerufen zu werden. Sie entsteht deshalb am leichtesten bei den Kohlenhydraten, welche eine Ketongruppe enthalten (wie Fruktose), weil diese am schnellsten Furfurol bilden. Ähnliche Reaktion geben auch Resorzin u. a.

Speziallit. für Kohlenhydrate: Nr. 6, 12, 21, 22, 33, 37.

Glykoside.

Eul. 106, Schm. 1932, B. 495, Holl. § 217.

Mit dem Namen Glykoside belegt man eine Reihe von Stoffen, welche unter Aufnahme von Wasser in eine oder mehrere Zuckerarten und ein oder mehrere Aglykone gespalten werden können. Unter Aglykone verstehen wir dabei irgendwelche, nicht zuckerartige Verbindungen.

Über die Isolierung der Glykoside läßt sich allgemein folgendes sagen. Während bei einigen leicht kristallisierbaren Glykosiden eine einfache Extraktion genügt[1]), um durch Einengen der Auszüge ziemlich reine Kristalle zu erhalten (Sinalbin, 19), muß in anderen Fällen ein Reinigungsverfahren eingeschaltet werden.

Man geht dazu von alkoholischen oder wäss. Auszügen der Vegetabilien aus. Im ersten Falle muß man versuchen, das Glukosid mit Ä. (Amygdalin 20) oder Wasser zu fällen. Die wäss. Glukosidauszüge werden auf verschiedene Weise weiter behandelt. Meistens werden sie zuerst durch Zusatz von neutralem Bleiazetat von verunreinigenden Substanzen (wie Gerbstoffen, Pflanzensäuren usw.) befreit, das Filtrat dann durch Schwefelwasserstoff (bisweilen auch teilweise oder ganz durch H_2SO_4 oder Na_2SO_4) entbleit, darauf das Glykosid entweder durch Zusatz von A. oder mittels basischen Bleiacetates gefällt, oder endlich nach Abstumpfung der durch H_2S freigewordenen Säuren (z. B. mittels Ba (Ca) CO_3) behufs Kristallisation eingedampft (Arbutin 21).

In einigen Fällen kommen in den Pflanzenteilen neben den Glykosiden glykospaltende Enzyme vor, so in den bittren Mandeln Emulsin, in den Senfsamen Myrosin usw.

Die Wirkung dieser Enzyme muß bei der Isolierung der Glykoside vermieden werden. Dies gelingt, indem man das Ausgangsmaterial mit Alkohol extrahiert (19). Es bleiben dann die Enzyme zurück und werden dabei fast immer abgetötet.

Ist obige Methode nicht angängig, so wird ihre spaltende Wirkung durch Erhitzen vernichtet, am besten, indem man das trockene Material in einem Kolben auf dem Wasserbade auf etwa 80^0 erhitzt, dasselbe darauf mit Wasser von $80-90^0$ übergießt und das Ganze einige Zeit auf dieser Temp. hält.

Isolierung eines Glykosids durch direkte Eindunstung vom alkoholischen Extrakt des Grundstoffes.

19. Beispiel: Sinalbin.

$$C \left\langle \begin{array}{l} OSO_2OC_{16}H_{24}NO_5 \\ S - C_6H_{11}O_5 \\ N - CH_2C_6H_4OH \end{array} \right.$$

Eul. 104 und 109, Schm. 2001, B. 596.

1 Kg. weiße Senfsamen (Semen sinapis albae) werden pulverisiert. Dann werden sie durch Pressen zwischen Filtrier-

---

[1]) Es werden bisweilen andere Bestandteile vorher entfernt.

papier von der Hauptmasse des fetten Öles befreit. Steht keine
gute Pressevorrichtung (42) zur Verfügung, oder will man
alles fette Öl nebenbei gewinnen, so wird hier — gleich wie bei
den Mandeln — sofort die Extraktion mit PÄ. vorgenommen
(9), die man sonst dem Pressen folgen läßt. Benutzt man
den Extraktor, so darf das Pulver nicht zu fein sein (B_{10}). Man
extrahiere vorläufig so lange, bis der abfließende PÄ. aufhört,
gelblich zu sein, und versuche dann von Zeit zu Zeit, ob eine
Probe desselben noch fetthaltig ist, indem man sie auf Filtrierpapier verdunsten läßt und beobachtet, ob ein Fettfleck zurückbleibt.

Ist alles Fett extrahiert, so werde die Masse an der Luft
vom PÄ. befreit und mit 2000 ccm 96 proz. A. perkoliert, scharf
ausgepreßt und dann im Extraktator mit 85proz. A. ausgezogen,
wie dies bei Amygdalin erörtert worden ist. Den Extraktator stelle
man in ein auf etwa 60^0 erwärmtes Wasserbad. Als Empfänger
benutze man einen geräumigen Kolben, in dem sich stets wenigstens 100 ccm Flsk. befinden sollen. Nach 3 stündiger Extraktion
werden diese 100 ccm durch neue 100 ccm 85proz. A. ersetzt
und, sobald der A. nichts mehr aufnimmt, diese beiden 100 ccm
vereinigt, bis zum Kochen erhitzt und im Warmwassertrichter
filtriert.

Auch kann man das Pulver der Senfsamen dreimal auskochen, im ganzen mit etwa 3 L. A. bis auf 300 ccm abdestillieren
und warm filtrieren.

In beiden Fällen wird das Filtrat im Schwefelsäure-Exsikkator
beiseite gestellt; die sich beim Abkühlen — oft erst nach längerem
Stehen — abscheidenden Kristalle werden gesammelt, mit Ä.
nachgewaschen und schließlich aus siedendem 70proz. A. umkristallisiert. Nötigenfalls wird das Sinalbin mit Tierkohle
entfärbt.

Ausbeute: 9,2 g.

Reinheitskriterien: Das Sinalbin bestehe aus fast weißen glän-
zenden Nadeln. Lufttrocken schmelze es bei $83-84^0$, wasserfrei bei
$138,5-140^0$.

Erläuterung: Durch den PÄ. werden u. a. Fett und Farbstoffe entfernt, durch den kalten A. eventuell zurückgebliebene Farbstoffe u. a.
In der Mutterlauge bleibt beim Umkristallisieren u. a. Sulfozyan-Sinapin,
ein Zersetzungsprodukt des Sinalbins, gelöst.

Auf ähnliche Weise wird u. a. Cyclamin aus Cyclamenknollen
gewonnen.

Isolierung eines Glykosids durch Abscheidung aus der alkoholischen Lösung mittels Äther.

20. Beispiel: **Amygdalin.**

$$\text{C}_6\text{H}_5 - \overset{\displaystyle \diagup \text{OC}_{12}\text{H}_{21}\text{O}_{10}}{\underset{\displaystyle \diagdown \text{CN}}{\text{CH}}}$$

Eul. 111; Schm. 1939; B. 596, Holl. § 256.

500 g bittere **Mandeln** werden in einem Trockenschrank 2 Stunden auf 105⁰ erhitzt und dann, je nachdem man alles Öl gewinnen will oder nicht, fein zerschnitten oder gestampft und mit leichtsiedendem PÄ. im Extraktator extrahiert oder aber durch Pressen (42) vom fetten Öl möglichst befreit. Das Öl wird auf Ölsäure verarbeitet, 8. Immerhin empfiehlt sich im letzteren Falle auch noch eine nachherige Fettextraktion mit PÄ. Kombiniert man auf diese Weise das Pressen und Extrahieren, so ist dies wohl die empfehlenswerteste Methode. Die Extraktion wird so lange fortgesetzt, bis eine Probe der sich in der Extrahierflasche befindenden Flsk. beim Verdunsten keinen Fettrückstand mehr hinterläßt (zu untersuchen, indem man die benutzte Ausdampfschale mit Filtrierpapier ausreibt und darauf achtet, ob noch ein Fettfleck sichtbar ist).

Die Mandeln werden nun von PÄ. befreit und dann im Extraktor mit 96 proz. Alkohol extrahiert, wobei man die Extrahierflasche in ein Wasserbad von ± 50⁰ stellt. Alle zwei Stunden entleert man den Empfänger und setzt wieder ein wenig neuen Alkohol hinzu. Die Extraktion wird so lange fortgesetzt, bis eine Probe der Extraktionsflsk. aus der Extrahierflasche, mit dem gleichen Volum Ä. versetzt, kein Präzipitat mehr gibt (Extraktionsdauer etwa 7—10 Stunden). Beim Erkalten trübt sich gewöhnlich der Auszug, oder das Amygdalin kristallisiert sogar deutlich aus.

Die vereinigten gelben Extrakte werden erwärmt (sie sollen wenigstens 300 ccm betragen), im Warmwassertrichter filtriert und das Filtrat 24 Stunden an einen kühlen Ort hingestellt. Etwa abgeschiedene Kristalle werden gesammelt und von der Mutterlauge soviel Alkohol abdestilliert, daß wenigstens 200 ccm Flsk. zurückbleiben. Die noch warme Flsk. wird mit dem halben Volumen Ä. versetzt, worauf sich beim Stehen das Amygdalin, gewöhnlich in schönen Kristallen ausscheidet. Die Mutterlauge wird, wenn es sich lohnt, weiter verarbeitet; am besten wohl, indem man sie längere Zeit im Schwefelsäure-Exsikkator hinstellt und eventuell noch etwas Ä. zusetzt. Die beiden ersten Abscheidungen sollen jedoch getrennt von der letzten gereinigt werden.

Zur Reinigung wird das Rohprodukt erst einmal aus kochendem 96 proz. Alkohol (etwa der 15 fachen Menge) umkristallisiert.

Dieses Amygdalin wird eventuell weiter gereinigt, indem es in der 8 fachen Menge kochendem Wasser gelöst und darauf soviel A. 96 % zugesetzt wird, bis es sich eben abzuscheiden beginnt. Die Masse wird erhitzt, bis die Lsg. wieder ganz klar ist, worauf man sie langsam abkühlen läßt. Nötigenfalls wird die wässerige Lsg. durch Zusatz von etwas Tierkohle entfärbt, heiß filtriert und dann wie oben behandelt.

Ausbeute: 9—9,3 g.

Reinheitskriterien: Rein weiße Kristalle, Smp. unter Zersetzung bei ungefähr 200°. Fehlingsche Lsg. darf nicht reduziert werden.

Erläuterung: Das Fett wird zuerst aus den Mandeln entfernt, weil es sonst die Isolierung des Amygdalins sehr erschwert. Beim Extrahieren des Glykosids mit A. wird das Extrakt von Zeit zu Zeit durch frischen A. ersetzt, um übermäßiges Erhitzen des Amygdalins vorzubeugen. Die weitere Reindarstellung beruht auf die Schwerlöslichkeit des Amygdalins in Ä., wobei die Verunreinigungen in der Flsk. gelöst bleiben.

Auf ähnliche Weise kann u. a. das Gaultherin aus der Rinde von Betula lenta isoliert werden.

Amygdalin findet sich im Samen der meisten Prunaceae und Pomaceae und außerdem in den Blättern, Zweigen usw. zahlreicher anderer Pflanzen.

Isolierung eines Glykosids aus einem wäss. Extrakt, indem man Verunreinigungen durch Bleiazetat entfernt.

21. Beispiel: Arbutin.

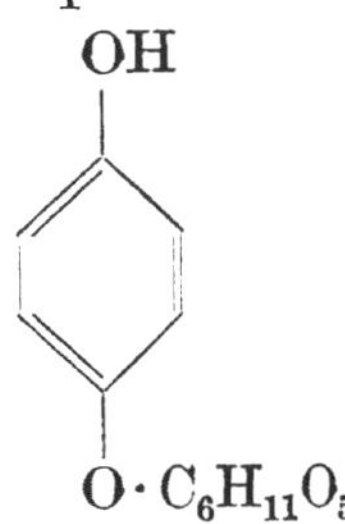

Eul. 81, 107; Schm. 1944; B. 596.

1000 g grob zerschnittene Bärentraubenblätter werden dreimal, im ganzen mit etwa 5 L. Wasser ausgekocht. Das erstemal wird die siedende Flsk. nach 5 Min. mit Natriumkarbonatlsg. (5 %) neutralisiert. Es wird jedesmal ½ Stunde gekocht. Man koliere heiß und presse jedesmal scharf aus. Den vereinigten braunen Auszügen wird unter fortwährendem Umschütteln soviel basische Bleiazetatlsg. in kleinen Portionen zugesetzt, bis auf weitern Zusatz kein Nds. mehr entsteht. Die über dem graugrünen Nds. stehende gelbe Flsk. wird durch einen Warmwassertrichter filtriert. Falls die Filtration sehr langsam vor sich geht, wird die ganze Masse einige Zeit digeriert (vgl. S. 36).

Durch das klare Filtrat wird nun so lange H_2S hindurchgeleitet, bis alles Blei präzipitiert ist. Man vertreibe durch Erwärmen den Überschuß an H_2S, neutralisiere die Flsk. mit Baryumkarbonat, filtriere warm und dampfe das Filtrat bis auf einen kleinen Rest (etwa 40 ccm) ein. Die gewöhnlich tiefbraun gewordene Lsg. wird zur Kristallisation beiseite gestellt und falls diese nach einem Tage noch nicht eingetreten sein sollte, wird die Flsk. im Schwefelsäureexsikkator beiseite gestellt.

Die Kristalle werden gesammelt und mit etwa der 20fachen Menge 90 proz. A. zerrieben. Die Lsg. wird filtriert, eingedampft und das Arbutin nötigenfalls unter Zusatz von Tierkohle aus kochendem Wasser umkristallisiert, bis es farblos ist.

Ausbeute: 6—20 g.

Reinheitskriterien: Farblose Nadeln, welche wasserfrei bei 188° schmelzen. Sie sollen frei sein von Blei u. a. anorganischen Salzen und Fehlingsche Lsg. nicht reduzieren.

Erläuterung: Durch Bleiazetat werden Gerbsäure, Gallussäure u. a. Verunreinigungen entfernt. Warum werden das Dekokt und die entbleite Arbutinlsg. neutralisiert? Woher rührt die große Menge zu neutralisierender Säure?

Das isolierte Arbutin ist stets noch durch geringe Mengen Methylarbutin verunreinigt.

Auf ähnliche Weise werden u. a. Äskulin aus Kastanienrinde, Salizin aus Weidenrinde und Populin aus dem Laub der Zitterpappel isoliert.

Arbutin ist ein in Erikacëen und Pirolacëen weit verbreitetes Glykosid.

Isolierung eines Glykosids auf besonderem Wege.

22. Beispiel: Hesperidin.

Eul. 82; Schm. 1969, B. 596.

200 g getrocknete unreife Orangenfrüchte (Fructus aurantii immaturi) werden grob gepulvert (B 10) und solange mit kaltem Wasser perkoliert, bis Bleiazetatlsg. keine Fällung mehr erzeugt.

Jetzt wird die Masse in demselben Apparat weiter extrahiert, und zwar mit einer 2 proz. Lsg. von NaOH in einer Mischung aus

gleichen Volumteilen Wasser und A. (95 %), bis die abfließende
Flsk. fast ungefärbt ist und mit Salzsäure keinen Nds. mehr gibt.
Der hellbraune Auszug wird langsam mit HCl ausgefällt, der gelb-
lichweiße Nds. einige Male mit dest. Wasser dekantiert und dann
dreimal mit der 10fachen Menge 90 proz. Alkohol ausgekocht.

Die jetzt nur noch schwach gelb gefärbte sandige Masse
wird in möglichst wenig 10 proz. Kalilauge gelöst. Nachdem das
gleiche Volum 96 proz. A. hinzugesetzt und filtriert worden ist,
wird CO_2 durch die Flsk. geleitet. Das nach einiger Zeit ausge-
fällte Hesperidin wird gesammelt und mit Wasser, nachher
mit wenig A. gewaschen, bis es kein K_2CO_3 mehr enthält.

Ausbeute: 20—25 g.

Reinheitskriterien: gelbich-weiße, geschmacklose, mikroskopische
Nadeln, Smp. 151° unter Zersetzung.

Erläuterung: Das in den gewöhnlichen Lösungsmitteln kaum lösliche Hesperidin löst sich in verdünnten Alkalien, als Kaliumsalz, leicht,
weil es ein Phenolderivat ist. Als letzteres werden seine Alkalisalze sowohl
von HCl (H_2SO_4 u. a.) wie von Kohlensäure zerlegt, und es ist daher
auf diesem Wege leicht zu reinigen.

Welche Körper könnten u. a. durch die zweite Regenerierung aus
dem Kaliumsalz durch CO_2 entfernt werden?

Hesperidin $C_{50}H_{60}O_{27}$ ist ein in der Familie der Rutazeen weit verbreitetes Glykosid. Es findet sich z. B. in den Fruchtschalen vieler
Aurantieen und in den Bukkoblättern.

Reaktionen und Eigenschaften der Glykoside.

Man stelle sich 25 ccm 5 proz. Arbutin- und Amygdalinlsg.
dar. Die folgenden Reaktionen sind cum grano salis auch für die
andern Glykoside gültig.

Hydrolyse. Die hydrolytische Spaltung (s. S. 79) wird
durch geeignete Enyme oder durch Kochen mit verdünnten Säuren,
Alkalien oder Wasser hervorgerufen.

Zu 3 ccm der Arbutin- und Amygdalinlsg. werden je 10 Tropfen Fehlingscher Lsg. gegeben und die Flsk. zum Sieden erhitzt:
keine Abscheidung von rotem Kupferoxydul.

Jetzt werden zu je 5 ccm der Glykosidlsg. 1 ccm verdünnte
Schwefelsäure, eine kleine Menge des isolierten Emulsins und der
Diastase hinzugesetzt. Die saure Lsg. werde etwa 5 Min. gekocht, die andern 10 Min. im verschlossenen Probierglas beiseite
gestellt. Die hydrolytische Spaltung ist nun vor sich gegangen.
Amygdalin hat sich in Glykose, Zyanwasserstoff und Benzaldehyd
gespalten, was sich schon durch den Geruch (Vorsicht! giftig!)
deutlich wahrnehmbar macht, Arbutin in Glukose und Hydrochinon. Die reduzierende Glukose wird durch Kochen mit 1 ccm
Fehlingsche Lsg. nachgewiesen (s. S. 77). Die saure Lsg.

muß dazu nach dem Erkalten zuerst mit Natriumkarbonatlsg. sorgfältig neutralisiert werden. Man überzeuge sich, daß Emulsin die Glykoside gespalten hat, Diastase aber nicht. Letzteres ist ein kohlenhydratspaltendes Enzym (s. 54).

Zu je 10 ccm Arbutin- und Amygdalinlsg. wird etwas Emulsin hinzugegeben und ½ Stunde bei 30⁰ hingestellt im verschlossenen Reagenzrohr. Die stark nach Blausäure riechende Amygdalinlsg. wird dann zweimal mit je 3 ccm Ä. ausgeschüttelt und die vereinigten Ausschüttelungen auf einem Uhrglas verdunstet. In den Ä. ist das zweite Aglykon des Amygdalins, Benzaldehyd, übergegangen, während die Glukose darin unlöslich ist. Beim Verdunsten des Äthers macht sich der Benzaldehyd durch seinen Geruch bemerkbar, welcher eventuell durch Zusatz von etwas Natronlauge verstärkt werden kann.

Die hydrolysierte Arbutinlsg. wird auf dieselbe Weise behandelt. Im Verdampfungsrückstand der Ätherausschüttelung wird der nichtzuckerartige Spaltling des Arbutins, das Hydrochinon, vermittels seiner reduzierenden Eigenschafte nnachgewiesen: Reduktion von Fehlingscher Lsg. in der Kälte und von Silbernitratlsg. beim Erwärmen.

Speziallit. für Glykoside: Nr. 6, 12, 20, 23, 28.

Tannide (Gerbstoffe).
Eul. 94, Schm. 1472, B. 462, Holl. § 346.

Das Wort Tannide ist nach dem jetzigen Gebrauch ein Sammelbegriff für eine Gruppe von Derivaten mehrwertiger Phenole, die durch folgende gemeinsame Eigenschaften gekennzeichnet sind: sie verwandeln die tierische Haut in Leder, besitzen einen zusammenziehenden Geschmack und werden durch verd. Eiweißlsg. (0,5 proz. z. B.) und die meisten Alkaloidlsgg. gefällt. Obige Definition entspricht im wesentlichen derjenigen von Dekker.

Für die Isolierung von Tanniden werden mehrere Methoden verwendet, wovon folgende besonders in Betracht kommen.

1. Wiedergewinnung der Tannide aus der Blei- (oder Kupfer-) Verbindung, welche im wäss. oder alkoholischen Extrakt durch Präzipitation mit Bleiazetat oder Kupferkarbonat erzeugt wurde.

2. Ausschütteln des wäss. Auszuges mit Essigäther, eventuell unter gleichzeitigem Aussalzen des Gerbstoffes (Löwe). Auch kann die Tannidlsg. in Essigäther mit Ä. (Körner) oder PÄ. (Franke) ausgefällt werden.

3. Äthermethode (**Pelouze**), siehe Tannin **24**.

4. Azetonmethode (**Trimbles**). Einige Gerbstoffe sind in Azeton besonders leicht löslich, das sich daher als Extraktionsflsk. besonders eignet.

Näheres über die Isolierungsmethoden findet sich bei den Präparaten, nur die unter 2. erwähnte Methode wollen wir näher betrachten. Mit einigen Abänderungen gestaltet sie sich folgendermaßen: Man löst das Roh-Tannid in einer nicht völlig gesättigten Kochsalzlsg. (2 Vol. $+$ 1 Vol. gesättigter NaCl-Lsg.), filtriert, schüttelt zur Entfernung von Gallussäure zweimal mit Äther aus, bringt das Tannid durch erneuten Zusatz von Kochsalz zur Abscheidung, wiederholt diese Operation, löst das Tannid schließlich in einer Mischung von 2 Vol. Wasser und 1 Vol. gesättigter Kochsalzlsg. und schüttelt mit Essigäther aus. Diese Lsg. wird im Vakuum zur Extraktkonsistenz eingedampft, auf Glasplatten gestrichen und über Schwefelsäure zu Ende getrocknet. Bei dieser Methode ist aber zu beachten, daß nicht alle Tannide in Essigäther löslich sind.

Isolierung eines Gerbstoff-Urstoffes, durch Ätherextraktion.

23. Beispiel: Katechin.

Eul. 98, Schm. 1455.

50 g **Gambirkatechu** werden mit 50 g gereinigtem Sand zerrieben und innig gemischt und das Gemenge im Soxhletapparat mit über $CaCl_2$ getrocknetem Ä. extrahiert. Der Ä. im Empfänger wird alle 4 Stunden durch neuen ersetzt. Die Extraktion wird fortgesetzt, bis alles Katechin aufgenommen ist (nach etwa 12 Stunden).

Von den vereinigten grünbraunen Auszügen wird der Ä. abdestilliert, der Rückstand mit etwa 60 ccm kochendem Wasser erschöpft und heiß im Warmwassertrichter filtriert, worauf beim Erkalten das Filtrat zu einem Kristallbrei erstarrt. Die Kristalle werden gesammelt, abermals in 60 ccm heißem Wasser gelöst und die Operation — unter eventueller Anwendung von Tierkohle — solange wiederholt, bis reines Katechin in weißen Kristallen erhalten wird.

Ausbeute: 9—9,1 g.

Reinheitskriterien: Farblose Nadeln, Smp. lufttrocken bei 217°.

Erläuterung: Warum wird Katechu mit Sand gemischt; warum der Ä. vorher getrocknet? Beim Lösen des Rohkatechins in Wasser bleibt ein schmutzig grüner Rückstand, der vornehmlich aus Querzetin besteht.

Katechin findet sich fertig gebildet in verschiedenen Katechusorten, wie auch im Mahagoniholz vor.

Isolierung eines Gerbstoffes nach der-Äthermethode von Pelouze.

24. Beispiel: **Tannin** (*Gerbsäure*).
Eul. 97, Schm. 1197, B. 461, Holl. § 346.

100 g Galläpfel werden grob pulverisiert (B_{10}) und mit einer Mischung von 4 T. Ä. und 1 T. A. solange perkoliert (S. 6), bis die ablaufende Flsk. durch Eisenchloridlsg. nur noch schwach blau gefärbt wird.

Das Perkolat wird im Scheidetrichter mit $^1/_3$ Volumen Wasser längere Zeit geschüttelt, wobei sich 3 Schichten bilden. Die zwei untern läßt man ablaufen, die oberste ätherische Schicht wird abermals mit $^1/_3$ Vol. Wasser ausgeschüttelt, diese wäss. Schicht nach dem Absetzen gesammelt und mit dem ersten Ablauf vereinigt. Diese Flsk. wird bei mäßiger Tmp. (am besten im Vakuum) bis auf 200 ccm eingedunstet, filtriert und weiter zur Trockne eingedampft.

Zur Reinigung wird das Rohtannin in der 8fachen Menge Wasser gelöst, 3 Tage unter öfterem Umschütteln mit Tierkohle stehen gelassen, filtriert, das Filtrat mit 50 ccm Ä. ausgeschüttelt und die wäss. Lsg. wiederum bei mäßiger Wärme zur Trockne eingedampft.

Ausbeute: Aus kleinasiatischen Gallen $\pm$ 50 g.

Reinheitskriterien: Farbloses bis gelbliches Pulver, das sich in 6 T. Wasser klar lösen soll. 0,5 g Tannin dürfen beim Verbrennen keinen wägbaren Rückstand hinterlassen.

Erläuterung: Das Tannin, das in reinem Ä. fast unlöslich ist, wird von alkohol- und wasserhaltigem Ä. verhältnismäßig leicht gelöst. Beim Ausschütteln des Äther-Alkoholextraktes mit Wasser geht das Tannin in das Wasser über, während die ätherische Schicht Fett, Harze, Farbstoffe usw. enthält. Das nach der oben beschriebenen Weise gewonnene Tannin ist allerdings kein einheitlicher chemischer Körper.

Tannin ist ein sehr verbreiteter Gerbstoff, der bisweilen in großen Quantitäten (bis zu 70 %) in den Pflanzen vorkommt.

Isolierung eines kristallinischen Gerbstoffes auf besonderem Wege.

25. Beispiel: **Chlorogensäure.**

1 kg ungebrannte Kaffeesamen werden pulverisiert (B_{20}), mit 1 l Alkohol von 95 % innig gemischt, nach 24 Stunden in einen Perkolator gebracht und mit 60 proz. A. perkoliert, bis die abfließende Lsg. farblos ist. Das Perkolat wird im Vakuum. zu einem dicken Sirup eingedampft und in möglichst wenig heißem 90 proz. A. gelöst. Die Lsg. wird solange stehen gelassen, bis sich keine Kristalle mehr abscheiden, dann abgesaugt, mit

70 proz. und 50 proz. A. nachgewaschen und aus heißem 50 proz.
A. umkristallisiert. Ausbeute 12—20 g.

Dieses chlorogensaure Kaliumkoffein

$$C_{32}H_{36}K_2O_{19}(C_{18}H_{10}N_4O_2)_2 + 2\,H_2O$$

wird in der vierfachen Menge Wasser gelöst, mit einer zur Bildung von Kaliumsulfat (K_2SO_4) berechneten Menge Schwefelsäure versetzt (es enthält 6,35 % Kalium), durch dreimaliges Ausschütteln mit 10 ccm Chloroform vom Koffein befreit, eventuell filtriert und zum Sirup eingedampft. Letzterer wird mit dem 10 fachen Gewicht 95 proz. Alkohol gemischt und nach 24 Stunden filtriert, das Filtrat auf $\frac{1}{4}$ eingedampft und dann der Kristallisation durch Verdunstung überlassen. Die abgeschiedenen Kristalle werden gesammelt und aus heißem Wasser, eventuell unter Zusatz von etwas Tierkohle, umkristallisiert.

Ausbeute: 4—8,7 g.

Reinheitskriterien: Weiße nadelfrömige Kristalle. Smp. 206 bis 207°. 1 g soll beim Verbrennen keinen wägbaren Rückstand zurücklassen.

Erläuterung: Die mit verdünntem A. extrahierte Kalium-Koffein-Chlorogensäure wird mit Schwefelsäure zerlegt und die freie Chlorogensäurelsg. zum Sirup eingedampft. Welche Körper will man durch das Zusetzen eines zehnfachen Gewichtes Alkohol daraus entfernen? Es wurde brasilianischer Kaffee verarbeitet, so daß die Zahlen für die Ausbeute dafür gelten.

Chlorogensäure ist ein im Pflanzenreich sehr verbreiteter Gerbstoff.

Reaktionen und Eigenschaften der Tannide.

Man stelle sich eine 1 proz. Lsg. von Tannin und Katechin her und setze zu je 5 ccm derselben einige Tr. Eisenchloridlsg. (Tannin blauschwarz, Katechin grün), einige Tr. 5 proz. Osmiumsäure (schwarzer Nds.), 5 proz. Eiweiß- und 5 proz. Koffeinlsg. (weiße Ndss.). Man überzeuge sich weiter, daß Tanninlsg. einen zusammenziehenden Geschmack besitzt und daß die Gerbstoffe keinen Stickstoff enthalten (siehe für die Ausführung letzterer Reaktion).

Die andern wichtigeren Eigenschaften der Gerbstoffe fanden bei den Präparaten Erwähnung.

Spezialit. für Tannide: 6, 13, 23.

Riechstoffe.

Schm. 1278.

Riechstoffe sind die chemisch sehr differenten Körper, welche das physiologische Merkmal der Erregung angenehmer Geruchsempfindungen gemeinsam haben. Sie gehören zu den riechenden

Stoffen, d. h. allen denjenigen Stoffen, die durch den Geruchsinn wahrnehmbar sind. Riechmischungen nennen wir jede Mischung von Substanzen, welche sich physiologisch wie ein Riechstoff verhält.

Die Isolierung der Riechstoffe geht meistens über eine Riechmischung (d. h. durchweg ein ätherisches Öl). Diese ätherischen Öle können auf verschiedenem Wege gewonnen werden. Die Methoden, um aus ihnen die Riechstoffe rein darzustellen, variieren je nach den Eigenschaften des Öles und speziell des zu isolierenden Körpers. Zwar können einige Riechstoffe nur auf physikalischem Wege (frakt. Dest., Ausfrieren) aus den Ölen isoliert werden, die chemischen Methoden jedoch finden bei der Reindarstellung von Riechstoffen eine weit häufigere Anwendung. So können manche Terpene über ihre Halogen-, Halogenwasserstoff- oder Nitrosochloridverbindung (Kadinen, Pinen), Alkohole über die Ester- oder Chlorkalziumverbindung (Geraniol), Phenole über das Natriumsalz (Eugenol); Aldehyde über die Natriumbisulfitdoppelverbindung (Zitral, Vanillin) usw. isoliert und gereinigt werden. Man siehe dafür bei den Präparaten.

Isolierung eines 'Riechstoffes (Terpens) durch fraktionierte Dest.

26. Beispiel: d-Limonen.

1 kg holländischer Kümmelsamen (Fructus carvi) wird zerstoßen oder zermahlen und dann mit Wasserdampf destilliert. Die während der ersten Stunde übergehenden Anteile werden separat gesammelt (I) und die Ölschicht in einem Scheidetrichter von der wäss. Flsk. getrennt. Letztere wird wieder in den Destillierapparat zurückgegossen, die Destillation fortgesetzt, bis das Destillat nicht mehr angenehm riecht (nach 5—8 Stunden), das übergegangene Öl wie oben gewonnen (II), die wäss. Flsk. zweimal mit 30 ccm Ä. ausgeschüttelt, letzterer abdestilliert und das restierende Öl zu II gegeben. I und II werden gesondert auf feinkörnigem Chlorkalzium während 3 Tage getrocknet. Dann wird I in einen 100-ccm-Fraktionierkolben gebracht und die unter 200^0 siedenden Anteile langsam abdestilliert. Nach völligem Abkühlen wird alsdann II hinzugesetzt und wieder bis zu 200^0 abdestilliert in derselben Vorlage, welche für I gedient hat. Diese unter 200^0 übergehende Fraktion wird auf Limonen verarbeitet, aus dem Rückstand wird Karvon gewonnen (**34**).

Die Limonenfraktion wird zuerst abermals destilliert, wobei die zwischen $172-185^0$ siedende Fraktion gesondert aufgefangen und sofort nochmals destilliert wird. Den zwischen 174 und 178⁰ übergehenden Anteilen wird nun ein erbsengroßes Stück metallisches Natrium zugesetzt, abermals destilliert und bei der Rektifikation dieses Dest. nur der bei 175⁰ siedende Körper aufgefangen.

Ausbeute: 15,8—23,1 g.

Reinheitskriterien: Farbloses Öl. Sdp. 175⁰. $a_D = + 106,8^0$.

Erläuterung: Die Fraktion I der Wasserdampfdestillation enthält zum größeren Teil Limonen, II das Karvon mit dem höheren Sdp. Sie werden gesondert verarbeitet, weil sie dadurch leichter in die zwei Hauptbestandteile des Kümmelöls: Limonen und Karvon getrennt werden können. Es wird metallisches Natrium zugesetzt, um etwa vorhandene Alkohole wie Phenole zu binden.

Auf ähnliche Weise können viele Terpene aus den ätherischen Ölen isoliert werden.

Limonen kommt in d- wie l-Form in manchen äth. Ölen vor.

Isolierung eines Rst. (eines Terpens) durch wiederholte fraktionierte Dest. oder über seine Nitrosochloridverbindung.

27. Beispiel: l-Pinen.

Eul. 124, Schm. 1290, B. 477, Holl. § 369.

1 kg (am besten ölreicher!) französischer Terpentin (Bordeaux-Terpentin) wird in einem geeigneten Kolben der Wasserdampfdest. (S. 26) unterworfen, das übergehende Öl in einem Scheidetrichter von dem wäss. Dest. getrennt und über $CaCl_2$ getrocknet (Ausbeute 68,7—206 g). Der Dest.-Rückstand wird auf Pimarsäure verarbeitet (**39**).

Das getrocknete Öl wird fraktioniert destilliert (S. 22). Zuerst werden die unter 160⁰ siedenden Anteile aufgefangen. Diese werden abermals destilliert und die von 153—158⁰ siedenden Anteile gesammelt. Die fraktionierte Dest. wird fortgesetzt, bis das Öl konstant bei 155—156⁰ siedet, d. h. bis es aus fast reinem Pinen besteht. Es empfiehlt sich, bei der letzten Dest. einige Stückchen metallisches Natrium hinzuzusetzen. Das hier gewonnene Pinen ist die l-Modifikation und ist wohl kaum chemisch rein zu nennen.

Um chemisch reines Pinen herzustellen, werden die unter 160⁰ siedenden Anteile des Terpentinöls gesammelt. 25 g dieser Fraktion werden in einem 250 ccm fassenden Erlenmeyerkolben in einer Schneesalzmischung (S. 40) gekühlt. Zu gleicher Zeit werden auch zwei Reagenzröhrchen mit 25 ccm Eisessig und Äthylnitrit in die Kühlmasse gestellt. Nach etwa 15 Min. werden der Eisessig und das Äthylnitrit in den Kolben gegossen, welcher, ohne aus der Kühlvorrichtung herausgenommen zu werden, vorsichtig hin und her bewegt wird, damit die Flskk. sich gut mischen.

Nachdem die jetzt hellgrün gewordene Mischung wieder die Tmp. des Schneesalzgemisches angenommen hat, werden tropfenweise 9 ccm $\pm$ 37 proz. Salzsäure hinzugefügt, wobei man jeden Tropfen HCl unter stetigem Schütteln und Kühlen der Masse einwirken lassen soll.

Die abgeschiedene Kristallmasse wird gesammelt, mit 96 proz. A. nachgewaschen und aus der 6fachen Menge warmen Chloroforms umkristallisiert. Aus der Nitritmischung scheiden sich mitunter abermals Kristalle des Pinennitrosochlorids aus, wenn man dieselbe einige Stunden unter Kühlung beiseite stellt. Diese werden aus der Chloroformmutterlauge der ersten Kristalle umkristallisiert. Ausbeute 11,3—18 g. Smp. $\pm$ 103⁰.

Um aus dem Pinennitrosochlorid Pinen zu regenerieren, werden 20 g mit 60 g Anilin und 160 g 90 proz. A. in einem geräumigen Kolben gemischt und vorsichtig am Rückflußkühler im Wasserbade erhitzt (stürmische Reaktion!). Aus der braunroten Masse wird das Pinen im Dampfstrome übergetrieben, die Ölschicht des Dest. zuerst mit verdünnter Essigsäure, dann mit Wasser gewaschen und schließlich noch rektifiziert. Das so gewonnene Pinen ist stets inaktiv.

Ausbeute: 8—14 g.

Reinheitskriterien: Sdp. 155,5—156⁰. Farblose bewegliche Flsk. $d_{25}{}^0 = 0{,}854$; $(a)\,D_{20} = \pm\,43{,}4$; $n_D = 1{,}4655$.

Erläuterung: Durch fraktionierte Dest. gewinnt man im allgemeinen nur schwer chemisch reine Körper. Die Gewinnung des Pinens aus Terpentinöl jedoch ist verhältnismäßig leicht, vorausgesetzt, daß die Fraktioniervorrichtung (22) gut ist. Der Zusatz metallischen Natriums bezweckt hier wie bei manchen ähnlichen Präparaten die Bindung oder Zersetzung von begleitenden Körpern, besonders von Alkoholen.

Weit schwieriger wird die Aufgabe der Isolierung von Pinen aus manchen andern Ölen, so wenn es von Kamphen (Sdp. 159—160⁰) begleitet ist. Dann erreichen wir nur auf dem zweiten Wege — d. h. also über seine NOCl-Verbindung — unser Ziel.

Bei der Darstellung des Pinennitrosochlorids ist gute Kühlung Hauptbedingung. Große Quantitäten sollen daher nicht auf einmal verarbeitet werden, weil dann die Tmp. nicht zu regulieren ist. Setzt man die HCl zu schnell zum Nitritgemisch, so verdirbt das Präparat, was sich gewöhnlich durch heftiges Aufbrausen bemerkbar macht.

Pinennitrosochlorid, eigentlich die Dinitrosochloridverbindung (siehe nebenstehende Formel), spaltet bei der Erhitzung mit schwachen Basen, wie Anilin, NOCl ab, unter Rückbildung von Pinen, während mit starken Basen HCl abgespalten wird unter Bildung von Nitrosopinen.

Auf ähnliche Weise, d. h. durch frakt. Destillation, können Limonen aus Kümmelöl, Phellandren aus dem Öle des Wasserfenchels u. a. Kohlenwasserstoffe (Terpene) aus ätherischen Ölen abgeschieden werden.

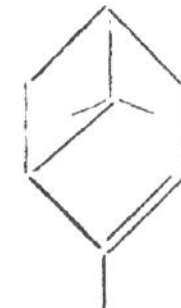

Pinen ($C_{10}H_{16}$) ist das wohl am meisten in der Pflanzenwelt verbreitete Terpen und findet sich als d-, l- wie i-Pinen vor. Es bildet den Hauptbestandteil des Terpentinöls und kommt auch in Sassafras- und Sternanisöl vor.

Isolierung eines Rst. (eines Phenoläthers) durch Ausfrieren einer Riechmischung.

28. Beispiel: Safrol.

Eul. 80, Schm. 1375.

1 kg grobes Pulver (B_{10}) von Sassafraswurzelrinde (Cortex radicis Sassafras) wird mit Wasserdampf destilliert. Das übergehende Öl wird gesammelt und — falls man es nicht direkt verarbeitet — getrocknet über entwässertem Natriumsulfat. Ausbeute: 38,8—60 g.

50 g des Sassafrasöles werden unter zeitweiligem Schütteln in eine Mischung von Schnee und Salz (40) hingestellt. Wenn keine Kristalle mehr gebildet werden, wird der dicke Brei in einem Eistrichter abgesaugt, zwischen Filtrierpapier gepreßt, abermals verflüssigt, wieder ausgefroren und schließlich ausgepreßt. Zur weitern Reinigung kann es eventuell rektifiziert werden (Sdp. $_{4\,mm}$ 91°).

Ausbeute: 33—40 g.

Reinheitskriterien: Farblose Kristalle, die bei Zimmertmp. zu einer wasserhellen Flsk. schmelzen. Erstarrungspunkt + 11°, Sdp. $_{759}$ 223°, d_{15}^0 1,106, optisch inaktiv, $n_{D\,20}$ = 1,538.

Erläuterung: Steht keine Sassafrasrinde zur Verfügung, so verarbeite man das Holz, von diesem aber 5 kg, weil es nur etwa 1% Öl enthält. Beim Ausfrieren wird Safrol von den begleitenden Terpenen (wie Pinen und Phellandren) getrennt. Falls man auf diese Weise noch nicht reines Safrol erlangt, wird dasselbe durch Destillation weiter gereinigt.

Auf ähnliche Weise können Anethol aus Anisöl, Thymol aus den ätherischen Ölen von Thymus vulgaris, Origanum floribundum u. a., Kampfer aus Kampferöl u. a. Riechstoffe aus den ätherischen Ölen isoliert werden.

Safrol ($C_{10}H_{10}O_2$), der Methylenäther des 1-Allyl, 3. 4-Dioxybenzols, bildet den Hauptbestandteil des ätherischen Öles der Sassafrasbäume (bis zu 90 %). Es findet sich auch im Öle des Kampferbaumes, der Zimtblätter und des Sternanis.

Isolierung eines Rst. (Sesquiterpens) über seine HCl-Verbindung.

29. Beispiel: Cadinen.

Eul. 128, Schm. 1297.

100 g Oleum cadinum des Handels werden mit gespanntem Wasserdampf destilliert (S. 29), die Ölschicht des Destillats in einem Scheidetrichter fünfmal mit je 20 ccm 5 proz. Natriumhydroxyd-lsg., dann noch zweimal mit 10 ccm Wasser ausgeschüttelt und das restierende Öl auf festem Kaliumhydroxyd während 24 Stunden getrocknet.

Das trockene Öl wird destiliert und die von 260—280⁰ übergehenden Anteile werden gesondert aufgefangen, mit ihrem zweifachen Volumen Ä. verdünnt und trockenes Salzsäuregas bis zur Sättigung hindurchgeleitet. Nun wird die Masse einige Tage sich selbst überlassen an einem kühlen Ort, dann der Ä. durch Verdunstung größtenteils ausgetrieben, die Kristallmasse auf ein Saugefilter gesammelt auf Glaswolle, 5 mal mit je 10 ccm A. nachgewaschen und aus der hinreichenden Menge siedenden Essigäthers umkristallisiert. Die nach 12 stündigem Stehen an kühlem Orte abgeschiedenen Kristalle vom Dihydrochlorid des Cadinens werden auf ein Saugefilter gesammelt, 3 mal mit je 10 ccm A. nachgewaschen und getrocknet.

Nun werden sie wieder zerlegt, indem man sie mit dem gleichen Gewicht wasserfreiem Natriumacetat und dem vierfachen Gewicht Eisessig gemischt ½ Stunde am aufsteigenden Kühler kocht. Man setzt zu der kalten Masse ein doppeltes Volumen Wasser hinzu, schüttelt 5 Min. gut durcheinander, läßt nach völliger Trennung die untere wäss. Schicht abfließen, wäscht noch 2 mal mit 25 ccm 5 proz. Natronlauge, dann 2 mal mit 25 ccm Wasser nach und destilliert schließlich im Wasserdampfstrom. Das übergehende Öl wird gesammelt und über festes Kaliumhydroxyd getrocknet.

Ausbeute: 21—31 g.

Reinheitskriterien: Farblose Flsk., Sdp. 274—275⁰, d_{15^0} = 0,924, $[a]_D$ = — 98,56⁰.

Erläuterung: Bei der Wasserdampfdestillation von Oleum cadinum gehen nebst Cadinen verschiedene Phenole, Säuren und andere Kohlenwasserstoffe über, während harzartige Körper u. a. zurückbleiben. Die Ausschüttelung des Rohcadinens mit Natronlauge bezweckt die Beseitigung von verunreinigenden Phenolen und Säuren. Das Dihydrochlorid muß durch Glaswolle abgesaugt werden, weil die stark saure Flsk. Papier angreift. Als Kristallisationsmittel ist Essigäther durchaus am geeignetsten. In der Mutterlauge kann durch Zusatz von Alkohol eine zweite Kristallabschiedung erzielt werden. Beim Zerlegen des Cadinendihydrochlorids mittels Natriumacetats fängt sich alsbald NaCl abzuscheiden an, das durch Ausschütteln mit Wasser entfernt wird, während die letzten Anteile der Essigsäure durch verd. Natronlauge entfernt werden.

Cadinen ist ein äußerst verbreitetes Naturprodukt, das in zahlreichen Coniferenölen, ferner aber auch u. a. in Piperarten, Gummiharzen, Pfefferminzöl und verschieden andern ätherischen Ölen nachgewiesen wurde. Es ist ein bizyklisches Sesquiterpen, dessen Konstitution noch unsicher ist.

Isolierung eines Rst. (eines primären Alkohols) über seine Chlorkalziumverbindung.

30. Beispiel: Geraniol.

Eul. 6, 117; Schm. 1301; B. 99; Holl. § 143 u. 366.

65 g Chlorkalzium werden in einem warmen Mörser staubfein pulverisiert und im Schwefelsäureexsikkator während einer Nacht beiseite gestellt. Dann werden in einem Kölbchen 60 g Palmarosaöl gewogen, 240 ccm wasserfreier Ä. und 60 g des Chlorkalziums hinzugesetzt und die Mischung während einer halben Stunde am Rückflußkühler auf 35—40⁰ erwärmt. Der Kühler soll durch ein Chlorkalziumrohr abgeschlossen sein.

Nach der Erwärmung wird das Kölbchen mit einem mit Chlorkalziumrohr versehenen Korken gut verschlossen und unter fortwährendem Schütteln in Schneewasser abgekühlt, oder aber an einen kühlen Ort gestellt unter zeitweiligem Umschütteln.

Der Kristallbrei wird schließlich abgesaugt erst mit etwas absolutem Ä., dann mit niedrigsiedendem PÄ. nachgewaschen, schließlich noch im Mörser mit niedrigsiedendem PÄ. zerrieben, wieder abgesaugt, mit PÄ. nachgewaschen und im Vakuum über Schwefelsäure getrocknet. Ausbeute 40—50,6 g.

Um aus dieser Chlorkalziumverbindung das Geraniol zu regenerieren, wird sie durch Zusatz von Wasser zerlegt. Die milchartige Ölschicht wird im Scheidetrichter gesammelt, einige Male mit kleinen Mengen warmen Wassers gewaschen, in ein Kölbchen gebracht und im Dampfstrome rektifiziert, vorzugsweise unter Luftverdünnung (S. 26 und S. 22).

Das überdestillierende Öl wird gesammelt, das wäss. Dest. zweimal mit wenig Ä. ausgeschüttelt und das nach Verdunsten des Ä. zurückbleibende Geraniol der ersten Menge derselben hinzugesetzt. Das Geraniol wird über Natrium sulfuricum siccum getrocknet.

Ausbeute: 22—37 g.

Reinheitskriterien: Farblose, etwas ölige Flsk., Sdp. 10 mm 100—111⁰; $d_{15⁰} = 0,882$; inaktiv; $n_D = 1,4766$.

Erläuterung: Palmarosaöl besteht hauptsächlich aus Geraniol, zum Teil verestert, und enthält ferner u. a. Dipenten.

Die Isolierungsmethode des Geraniols beruht auf der Eigenschaft der primären Alkohole, kristallisierte Chlorkalziumverbindungen zu bilden. Es ist hier der Alkohol stets als Kristallalkohol aufzufassen. Auf Zusatz von Wasser wird die Verbindung wieder gespalten. Zu beachten ist die große Empfindlichkeit des Geraniols gegenüber Wärme und Oxydationsmitteln (Kühlung!), und daß das Ausgangsmaterial zum Gelingen dieser Isolierungsmethode wenigstens 25 % Geraniol enthalten muß.

Auf ähnliche Weise kann u. a. Phenyläthylalkohol aus Rosenöl isoliert werden.

Geraniol $C_{10}H_{18}O$, ein aliphatischer, ungesättigter Alkohol

$$\begin{array}{c} CH_3 \\ \diagdown \\ C = CH_2 - CH_2 - C = CH - CH_2OH, \\ \diagup | \\ CH_3 CH_3 \end{array}$$

kann im Palmarosaöl (von Andropogon schoenanthus) bis zu 90 % vorhanden sein. Außerdem findet es sich in Rosenöl und Geraniumöl.

Isolierung eines Rst. (eines Phenols) über sein Natriumsalz.

31. Beispiel: Eugenol.

Eul. 80, Schm. 1348, B. 424, Holl. § 351.

500 g grob gepulverte (A_3) Nelken (Caryophylli) werden im Dampfstrome destilliert. Zuerst gehen Anteile über, die spezifisch leichter sind als Wasser (nmtl. Caryophyllen). Nachher geht auch das spezifisch schwerere Eugenol über, das auf den Boden sinkt. Oft sind aber diese zwei Phasen nicht deutlich getrennt, und man erhält neben dem zu Boden sinkenden gelblichen Öl eine Suspension.

Wenn nichts mehr mit den Wasserdämpfen übergeht, setzt man je 100 ccm Destillat 25 g Kochsalz hinzu und schüttelt die Flsk. mit niedrig siedendem PÄ. aus, bis derselbe kein Eugenol mehr aufnimmt.

Der PÄ. wird bis auf 100 ccm abdestilliert und diese Nelkenöllösung dreimal mit je 75 ccm 5 proz. NaOH-Lsg. ausgeschüttelt. Der PÄ. enthält nun noch hauptsächlich das Caryophyllen. Man kann letzteres aufbewahren, und wenn mehrere Male Eugenol dargestellt worden ist, diese vereinigten Nebenprodukte zusammen auf Caryophyllen verarbeiten.

Die Eugenolnatriumlsg. wird sogleich zweimal mit 30 ccm PÄ. ausgeschüttelt, dann mit verdünnter H_2SO_4 angesäuert (berechnen, wieviel man zusetzen soll!) und sofort wieder mit Natriumkarbonatlsg. schwach alkalisch gemacht. Die Flsk. wird nun mit PÄ. ausgeschüttelt, bis dieser nichts mehr aufnimmt, letzterer abdestilliert und das zurückbleibende Eugenol im Vakuum rektifiziert.

Ausbeute: 54—55 g.

Reinheitskriterien: Farblose Flsk., inaktiv; $n_D = 1,542$; $d_{18,5}$ = 1,0630; Sdp. 253^0 unter teilweiser Zersetzung.

Erläuterung: Warum wird zu dem ölhaltigen wässerigen Destillat Kochsalz gesetzt beim Ausschütteln mit P. Ä.; warum die Eugenolnatriumlsg. mit PÄ. ausgeschüttelt, bevor man sie ansäuert, und warum die angesäuerte Lsg. mit Na_2CO_3 wieder alkalisch gemacht, bevor man das Engenol ausschüttelt? Wird sich, in dieser alkalischen Lsg. das ausgeschiedene Eugenol nicht wieder lösen in Form seines Natriumsalzes?

Bei der Isolierung wird die Eigenschaft der Phenole benutzt, sich in verdünnten Alkalien — nicht aber in Natriumkarbonatlösung — in Form ihrer Natriumsalze zu lösen; Kohlenwasserstoffe (wie Caryophyllen), Alkohole usw. bleiben dabei ungelöst.

Auf ähnliche Weise können u. a. Thymol aus den ätherischen Ölen von Thymus vulgaris, Ptychotis ajowan u. a. und Carvacrol aus den ätherischen Ölen von Origanun, Satureja u. a. isoliert werden.

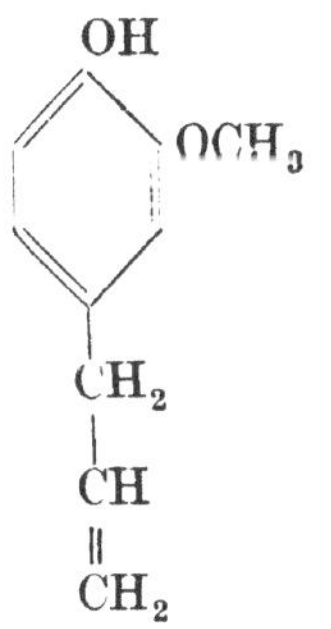

Eugenol ($C_{10}H_{12}O_2$), ein Phenol, bildet u. a. den Hauptbestandteil des Nelken- (70—85 %) und des Zimtblätteröls (70—90 %), überhaupt vieler Myrtaceen- und einiger Lauraceenöle; außerdem kommt es in ca. 30 verschiedenen Pflanzen vor.

Isolierung eines Rst. durch Extraktion und eines Aldehyds über seine Natriumbisulfitverbindung.

32. Beispiel: Vanillin.

Eul. 88, Schm. 1136, B. 437, Holl. § 351.

100 g Vanilleschoten werden mit der gleichen Menge gewaschenem und ausgeglühtem Seesand zerrieben und diese Masse während 4 Stunden mit Ä. ausgezogen. Diese ätherische Lsg. werde auf 50 ccm gebracht, mit 10 proz. Natriumbisulfitlsg. ausgeschüttelt (erst einmal mit 20 und dann noch zweimal je mit 10 ccm, und die vereinigten Bisulfitauszüge mit 20 ccm Ä. ausgeschüttelt. Die Lsg. wird nun sofort mit 20 proz. Schwefelsäure im Überschuß versetzt und so lange CO_2-Gas hindurchgeleitet, bis der Geruch nach SO_2 völlig verschwunden ist (Vorsicht! In der Kapelle!). Die Flsk. wird alsdann zweimal mit 25 ccm Ä. ausgeschüttelt und die ätherische Vanillinlsg. bei niedriger Temp. vom Lösungsmittel befreit und der Rückstand aus siedendem PÄ. umkristallisiert.

Ausbeute: 1—1,8 g.

Reinheitskriterien: Farblose Kristalle, Smp. 80—81⁰.

Erläuterung: Warum werden die Vanilleschoten mit Sand verrieben? Wenn man den Ätherauzug der Schoten eindampft und den Rückstand aus PÄ. umkristallisiert, bekommt man schon ein nahezu reines Produkt. In die Natriumbisulfitlösung geht nur Vanillin über, und es bleiben andere ätherlösliche Substanzen (Fett, flüchtiges Öl) im Ä. zurück.

Auf ähnliche Weise können Citral aus Lemongrasöl, Zimtaldehyd aus Zimtöl u. a. Aldehyde aus den ätherischen Ölen isoliert werden.

Vanillin ($C_8H_8O_3$), ein Aldehyd, ist einer der wenigen Riechstoffe, die sich in größeren Mengen nicht in den ätherischen Ölen, sondern für sich in den Pflanzen vorfinden. Zwar ist es in Harzen (Benzoe, Asa foetida) und ätherischen Ölen (Nelkenöl) weit verbreitet, tritt aber prozentual stets stark zurück. Auch kommt es gewöhnlich in den Hölzern in ganz geringer Menge vor.

Isolierung eines Aldehyds über seine Natriumbisulfitdoppelverbindung.

33. Beispiel: Citral (*Geranial*).

Eul. 7, Schm. 1303, B. 151, Holl. § 143.

100 g Lemongrasöl (das ätherische Öl von Zitronengras, Andropogon citratus) werden 2 bis 3 Min. lang mit 200 g einer 30 proz. Lsg. von kristallisiertem Natriumbisulfit, der 10 ccm Eisessig zugesetzt worden sind, tüchtig geschüttelt. Dann wird die Masse sofort in Eiswasser gestellt und von Zeit zu Zeit geschüttelt. Nach 2 Stunden wird der Brei abgesaugt, zwischen Filtrierpapier ausgepreßt, mit Ä. im Mörser verrieben, wieder abgesaugt und mit kleinen Mengen Ä. nachgewaschen. Nun kristallisiert man aus mit Eisessig schwach angesäuertem Methylalkohol um, nutscht die Kristallmasse ab und wäscht mit etwas Methylalkohol nach.

Die noch feuchte Bisulfitverbindung wird durch Zusatz von 250 ccm 5 proz. Natriumkarbonatlsg. zerlegt, die obenschwimmende Ölschicht mit je 20 ccm dest. Wassers im Scheidetrichter ausgewaschen, bis das Waschwasser neutral reagiert, und das so getrocknete Citral schließlich über entwässertem Natriumsulfat getrocknet.

Ausbeute: 40—46 g.

Reinheitskriterien: Schwach gelblich gefärbtes dünnflüssiges Öl. Sdp.$_{760}$ 228—229⁰ unter geringer Zersetzung. Sdp.$_{12}$ 112⁰; $d_{15⁰}$ 0,892 bis 0,896; inaktiv; n_{D28} 1,488 — 1,489.

Erläuterung: Bei der Isolierung des Citrals wird die allgemeine Eigenschaft der Aldehyde benutzt, mit Natriumbisulfit eine Doppelverbindung zu liefern. Die Sulfitlsg. darf nicht zu viel freie schweflige Säure enthalten und die Tmp. soll bei dem Prozeß niedrig gehalten werden. Enthält die Sulfitlsg. nämlich zu viel freie Säure, so bildet sich statt der gewünschten normalen Bisulfitverbindung ein Dihydrosulfonsäurederivat, das durch Na_2CO_3 nicht zerlegbar ist. Höhere Tmp. fördert diese Bildung und führt auch die normale Verbindung allmählich in das stabilere Derivat über, solange Natriumbisulfit im Überschuß vorhanden ist.

In ähnlicher Weise können Vanillin, Zimtaldehyd aus Zimtöl, Benzaldehyd aus Bittermandelöl und Citronellal aus Zitronenöl usw. isoliert werden.

Citral kommt bis zu 80 % im Lemongrasöl vor. Außerdem findet es sich im Orangen- und Zitronenöl (6 %), dessen charakteristischer Geruchsträger es ist, und in bestimmten Eucalyptusölen. Es ist das Aldehyd von Geraniol (**30**), wohin für die Strukturformel verwiesen sei.

Besondere Isolierungsmethode eines Rst.
34. Beispiel: Karvon.
Eul. 222, Schm. 1100, B. 477, Holl. § 368.

Von den bei der Darstellung des Limonens (**26**) beiseite gestellten hochsiedenden Anteilen des Kümmelöls werden vorsichtig die unter 205^0 siedenden Anteile abdestilliert und der Rückstand auf Karvon verarbeitet.

25 g dieser Karvonfraktion werden in einem geräumigen Kolben mit 25 g Alkohol gemischt und so lange H_2S durchgeleitet, bis der Kolbeninhalt stark danach riecht. (Der Kolben werde während der ganzen Operation in Eiswasser oder Schnee gekühlt.) Jetzt wird eine Mischung von 10 ccm starker Ammoniaklösung (sp. G. etwa 0,900) + 40 ccm absoluten Alkohols hinzugefügt und abermals H_2S durchgeleitet, bis die Flüssigkeit damit gesättigt ist. Schon während des Durchleitens erstarrt die Masse gewöhnlich zu einem Kristallbrei von Schwefelwasserstoffkarvon. Dieser wird sogleich auf dem Saugfilter gesammelt und mit 25 ccm Alkohol nachgewaschen. Die Mutterlauge stelle man über die Nacht an einen kühlen Ort, wobei sich gewöhnlich abermals Kristalle abscheiden. Diese werden gesondert gesammelt. Zu der Mutterlauge wird nochmals 5 ccm obiger Ammoniaklsg. gesetzt und H_2S durchgeleitet. Etwa sich bildende H_2S-Karvonkristalle werden mit der letzten Fraktion verarbeitet.

Die zuerst gesammelten Kristalle werden aus der achtfachen Menge kochenden Benzols umkristallisiert. Sie scheiden sich beim Abkühlen mitunter in wunderschönen bis 1 dm langen Nadeln ab. Die Mutterlauge wird zum Umkristallisieren der beiden letzten Kristallabscheidungen verwendet.

Ausbeute im ganzen 17,5—21 g. Schmp. $191,5^0$.

Um aus dieser Schwefelwasserstoffverbind. das Karvon zu regenerieren, werden 20 g H_2S-Karvon mit 200 g einer 15 proz. wässerigen KOH-

Lösung so lange im Wasserbade digeriert, bis alles Karvon in Freiheit gesetzt worden ist. Die Ölschicht wird gesammelt, zweimal mit 10 ccm dest. Wasser gewaschen, über entwässertes Natriumkarbonat getrocknet und das Öl rektifiziert. $Sdp._{755}$ 230^0.

Reinheitskriterien: Farbloses Öl; $Sdp._{11} = 104^0$; d_{15^0} 0,964; $[\alpha]_D = 59^0$ 57'; $n_D = 1,4995$.

Erläuterung: Ob die Flüssigkeiten mit H_2S gesättigt sind, wird auf die Weise kontrolliert, daß man den Kolben mit der flachen Hand verschließt und tüchtig schüttelt. Falls H_2S noch nicht im Überschuß vorhanden ist, wird es von der Flsk. absorbiert und die Hand mehr oder weniger in den Kolben hineingezogen. Es entsteht bei dieser Reaktion aus 2 Mol. Karvon und 1 Mol. H_2S Schwefelwasserstoffkarvon nach der Gleichung:

$$2\ \text{Mol.}\ \underset{\text{Karvon}}{C_{10}H_{14}O}\!\!<\!\!CO + H_2S = \underset{\text{Schwefelwasserstoffkarvon}}{C(OH)-S-(HO)C}$$

Man leite nicht länger H_2S durch die Flsk. als nötig ist, weil dann weitere Kondensationsprodukte entstehen, welche die Ausbeute und Reinheit des Karvon ungünstig beeinflussen.

Die Zerlegung des Schwefelwasserstoffkarvons durch Kalilauge in K_2S und Karvon ist aus der Formel des ersteren wohl ohne weiteres verständlich.

Karvon, ein Keton, findet sich bis zu 65% im Kümmelöl vor. Es tritt in der Natur bald als d-, bald als l-Modifikation auf. Erstere ist nur bei den Umbelliferen, letztere u. a. in der Krauseminze aufgefunden worden.

Speziallit. für Riechstoffe: Nr. 10, 17, 23, 29.

Harze und Harzbestandteile.

Schm. 1402, B. 594.

Unter dem Namen Harze faßt man aus praktischen Gründen eine Gruppe von Pflanzensekreten zusammen, welche durch folgende Eigenschaften gekennzeichnet sind: Unlöslichkeit in Wasser, Löslichkeit in A. und Ä., Schwerlöslichkeit in PÄ., Klebrigkeit der Lsg. usw.

Die natürlichen Harze enthalten durchweg mehrere — meist chemisch sehr verschiedene — Substanzen. Diese werden von Tschirch[34]) in Reinharz und Beisubstanzen (Terpene u. a. im Terpentin, Gummi in den Gummiharzen usw.) unterschieden.

Fast alle Harze kommen als solche im Handel vor. Die Isolierung der einzelnen Harzbestandteile muß den Umständen angepaßt werden, so daß darüber wenig Allgemeines zu sagen

ist. In manchen Fällen aber gelingt die Trennung der Harzbestandteile, indem man die ätherische Lsg. des Harzes nacheinander mit sehr verdünnten Lsg. von Ammoniumkarbonat, Natriumkarbonat (stärkere Säuren), verd. Lauge (schwächere Säuren
und Phenolen) und Natriumbisulfitlsg. (Aldehyde) ausschüttelt,
den Rückstand verseift und die unverseifbaren Anteile eventuell
durch fraktionierte Dest. trennt.

Isolierung einer Harz-Beisubstanz.

Beispiel: *Pinen* (27).

Isolierung freier Harz-Säuren.

Beispiele: *Agaricinsäure* (4) und *Benzoesäure* (5).

**Isolierung einer in Natriumkarbonat unlöslichen Re
sinolsäure (Harzsäure).**

35. Beispiel: α-Elemisäure.

Eul. 43, Schm. 1431.

100 g weiche Manila-Elemi werden in (etwa 400 ccm) Ä.
gelöst. Die filtrierte Lsg. wird zweimal rasch mit je 100 ccm
1 proz. Natriumkarbonatlsg. ausgeschüttelt und die Ausschüttelung mit 1 proz. Kaliumhydroxydlsg. fortgesetzt, bis diese nichts
mehr aufnimmt, was durch Zusatz von verd. Salzsäure (Nds.)
zu konstatieren ist. Die ätherische Lsg. wird auf Amyrin (36)
verarbeitet.

Aus den vereinigten Kaliumhydroxydextrakten wird der
gelöste Ä. durch Erwärmen ausgetrieben, die alkalische Flsk.
nach dem Erkalten filtriert, und alsdann mit 10 proz. Salzsäure
angesäuert.

Nach 24 Stunden hat sich die rohe α-Elemisäure gewöhnlich
in Form einer harten gelbweißen Masse ausgeschieden, die gesammelt, mit reinem Wasser nachgewaschen, im Mörser zweimal
mit je 20 ccm kaltem 90 proz. A. verrieben und filtriert wird.

Die so gereinigte Masse wird aus siedendem 95 proz. A.
umkristallisiert.

Ausbeute: 6—10 g.

Reinheitskriterien: Farb- und geruchlose Kristalle vom Smp. 215⁰.

Erläuterung: Die Manila-Elemi, der erhärtete Harzsaft von Bur-
seraceen-Spezies, besteht hauptsächlich aus einem ätherischen Öl, Amyrin
(Manamyrin), einem Resen und α- und β-Elemisäure. Das Harz ist in Ä.
völlig löslich. Beim Ausschütteln der ätherischen Harzlösung mit Natriumkarbonat werden einige Verunreinigungen entfernt, beim Ausschütteln mit
Kalilauge werden der ätherischen Lsg. die Säuren als Kalisalze entzogen.
Warum wird der Ä. ausgetrieben, bevor wir die Elemisäure aus dem Kalium-

salz abscheiden? Das Auswaschen der rohen Man-Elemisäure mit kaltem
A. bezweckt die teilweise Entfernung von der in A. leichter löslichen
amorphen β. Man-Elemisäure, die weiter in der Mutterlauge gelöst zurückbleibt.

Beim Umkristallisieren scheidet sich die a-Elemisäure in der Kälte
in schönen Kristallen aus.

Isolierung eines Resinols (Harzalkohols).
36. Beispiel: Amyrin.
Eul. 129, Schm. 1432.

Die mit Lauge ausgeschüttelte ätherische Lsg. des Elemiharzes
(**35**) wird auf Amyrin verarbeitet, indem wir zuerst den Ä. abdestillieren und dann den Rückstand in offener Schale so lange
mit Wasser im kochenden Wasserbade erhitzen, bis alles ätherische Öl ausgetrieben ist (Geruch!). Beim Abkühlen sammeln
sich die Harzprodukte als harter Kuchen am Boden des Gefäßes.
Dieser wird in einem Mörser mit 250 ccm 95 proz. A. verrieben,
einige Zeit stehen gelassen, die Masse auf dem Saugefilter filtriert
und mit 100 ccm A. nachgewaschen. Das Filtrat wird auf Maneleresen verarbeitet (**37**). Der weiße Rückstand wird aus einem
warmen Gemisch gleicher Teile Alkohol (95 %) und Ä. umkristallisiert und diese Operation eventuell wiederholt.

Ausbeute: $\pm$ 15 g.
Reinheitskriterien: Smp. 170—171⁰.
Erläuterung: Der obenerwähnte Kuchen enthält nebst Amyrin
(bis zu 25 %) besonders Maneleresen, ferner Bryoidin und einen Bitterstoff. Letzterer wird aber mit dem Wasser (siehe oben) zum größeren
Teil entfernt. Die Trennung des Amyrins und Maneleresens beruht auf
der Schwerlöslichkeit des ersteren, der Leichtlöslichkeit des letzteren in
kaltem Alkohol.

Warum wird das Amyrin aus einem Gemisch von Ä. und A. und nicht
aus A. allein umkristallisiert? Trotz seines scharfen Smp. ist dieses *Amyrin*
$C_{30}H_{49}OH$, ein Triterpenalkohol, kein einheitlicher Körper, indem es sich
über die Benzoylverbindungen in a-Amyrin (Smp. 181⁰) und β-Amyrin
(Smp. 192⁰) zerlegen läßt. Ähnliche Resinole wurden im Guttapercha
gefunden.

Isolierung eines Resens.
37. Beispiel: (Man) Eleresen.

Von der bei der Isolierung des Amyrins erhaltenen alkoholischen Maneleresenlsg. wird der Alkohol abdestilliert, der Rückstand mit 50 ccm Wasser erhitzt, die Masse abgekühlt und die
überstehende Flsk. abgegossen. Diese Operation wird noch einmal mit Wasser, einmal mit 20 proz. A. und dann mit warmer
50 proz. Natronlauge wiederholt, bis letztere nichts mehr auf-

nimmt. Man kontrolliert dies, indem man zu der alkalischen Lsg. Salzsäure setzt, wobei sich nur eine geringe Abscheidung bilden darf.

Die ungelöst gebliebenen Anteile werden in wenig warmem 90 proz. A. gelöst und das Maneleresen durch Ausgießen in 500 ccm ½ proz. Salzsäure abgeschieden. Der Nds. wird in fließendem Wasser durchknetet und dieser ganze Vorgang nun noch einmal wiederholt.

Ausbeute: 15—22 g.

Reinheitskriterien: Weiße amorphe Masse, welche an warme 10 proz. Natronlauge nichts abgeben darf. Smp. 63—65⁰.

Erläuterung: Die letzten Anteile von Bryoidin, Bitterstoff, Säuren, Ester usw. werden mit obenerwähnten Extraktionsflskk. entfernt. Das Eleresen ist gegen Lauge sehr widerstandsfähig (Charakteristikum aller „Resene"!). Es wird schließlich aus seiner alkoholischen Lsg. amorph präzipitiert. Warum wird dazu Salzsäure statt Wasser verwendet?

Isolierung eines Resinols (Harzalkohols).

38. Beispiel: Euphorbon.

Eul. 135, Schm. 1446.

100 g Euphorbium werden in einem bedeckten Mörser (3) mit 200 g gereinigtem Sand pulverisiert (Vorsicht! giftig!) und die Masse darauf im Soxhlet mit niedrig siedendem PÄ. (40⁰) solange extrahiert, bis dieses nichts mehr aufnimmt. Der Empfänger soll wenigstens 200 ccm PÄ. enthalten, oder aber man ersetzt etwa alle 3 Stunden den Extrakt durch frischen PÄ. Falls sich am Boden des Empfängers oder in dem Extrakt eine zähflüssige Schicht gebildet hat, wird diese einige Male mit PÄ. ausgekocht.

Die vereinigten Auszüge werden durch freiwilliges Verdunsten von PÄ. befreit, wobei sich das Euphorbon kristallinisch ausscheidet. Die gesammelten Kristalle werden mit 25 ccm kaltem 50 proz. A. gewaschen, dann einige Male aus siedendem 80 proz. A., und schließlich aus siedendem Azeton umkristallisiert.

Ausbeute: 16—30 g.

Reinheitskriterien: Weiße, geruch- und geschmacklose Kristalle von neutraler Reaktion. Smp. 115⁰—116⁰.

Erläuterung: Euphorbium ist der erhärtete Milchsaft von Euphorbia resinifera. Die Isolierungsmethode des Euphorbons beruht auf der Leichtlöslichkeit des Euphorbons in Petroläther, worin die meisten Harzsubstanzen (hier Euphorbinsäure, Euphorboresen und Äpfelsäure) bekanntlich sehr schwer löslich sind. Das isclierte Roheuphorbon wird durch Umkristallisieren gereinigt. Warum wird dem Euphorbium beim Extrahieren soviel Sand zugesetzt?

Euphorbon wurde in etwa 20 Euphorbiaarten nachgewiesen.

Isolierung einer Harzsäure nach der Tschirchschen
Ausschüttelungsmethode.
39. Beispiel: Pimarsäure.
Eul. 141 u. 144, Schm. 1422.

Der bei der Darstellung von l-Pinen 27 erhaltene Harzkuchen
wird oberflächlich getrocknet und 100 g desselben in einer hinreichenden Menge Ä. gelöst, eventuell filtriert und zehnmal
mit je 100 ccm 1 proz. Ammonkarbonatlsg. ausgeschüttelt. Falls
die letzte Ausschüttelung noch einen deutlichen Nds. gibt auf
Zusatz von Salzsäure, wird die Ausschüttelung fortgesetzt, bis
dies nicht mehr der Fall ist; im gegenteiligen Falle wird die Ausschüttelung mit 1 proz. Sodalsg. fortgesetzt, bis diese nichts mehr
aufnimmt. Die vereinigten Sodaausschüttelungen werden durch
Erwärmen vom Ä. befreit, nach 6 stündigem Abkühlen filtriert
und mit Salzsäure angesäuert. Der entstehende weiße Nds.
wird vorläufig durch Dekantieren und dreimaliges Nachwaschen
mit 100 ccm Wasser gereinigt, dann auf ein Filter gesammelt,
zweimal mit 25 ccm 50 proz. A. nachgewaschen und aus siedendem
Methylalkohol umkristallisiert. Die Kristalle scheiden sich bisweilen erst nach wochenlangem Stehen an kühlem Orte aus.

Ausbeute: 23—28 g.

Reinheitskriterien: Farblose Kristalle, welche sich in 1 proz.
Sodalösung klar lösen sollen. Smp. $\pm$ 145⁰, wobei aber die Substanz schon
bei etwa 136⁰ zu sintern anfängt.

Erläuterung: Durch das Ausschütteln mit Ammonkarbonat wird
aus dem Kolophonium etwa 6% einer amorphen Harzsäure (Pimarinsäure)
entfernt, während die Pimarsäure erst von Sodalösung gebunden wird.
Die Sodalösungen müssen von Ä. befreit werden, bevor man die Pimarsäure wieder ausfällt, weil er immer etwas verunreinigende Harzbestandteile gelöst behält, welche sich jetzt abscheiden und durch Filtration entfernt werden können. Nebst Pimarsäure gehen nach Tschirch α- und β-
Pimarolsäure mit in die Sodalsg. über. Diese verbleiben beim Umkristallisieren ersteren aus Methylalkohol in der Mutterlauge gelöst.

Auf ähnliche Weise können manche andere Harzsäuren isoliert
werden.

Speziallit. für Harze und Harzbestandteile: Nr. 34.

Alkaloide.
Eul. 149, Schm. 1541, B. 589, Holl. § 406—409.

Als Alkaloide bezeichnen wir alle stickstoffhaltigen, basischen
Pflanzenprodukte und als Alkaloide im engeren Sinne die-
jenigen, welche den Stickstoff in ringförmiger Atomverkettung
tragen.

Bei der **Isolierung** der Alkaloide kommen zur Extraktion der Materialien drei Methoden in Betracht, nämlich Extraktion:

I. mit neutraler Flsk.,

II. mit angesäuerter Flsk.,

oder III. mit alkalischer Flsk.

Als Extraktionsflsk. dient bei I meist A. und in vereinzelten Fällen Wasser; bei II A. oder Wasser, dem 1 bis 2 % Salzsäure oder Schwefelsäure zugesetzt worden ist; bei III gewöhnlich a) eine weingeistige Ammoniaklsg., oder aber b) man befeuchtet das Material mit einer Lsg. von schwachen Alkalien (Magnesium-, Kalziumhydroxyde o. a.), trocknet und extrahiert die freien Alkaloide mit einem geeigneten Lsg.-Mittel (**41**).

Bei flüchtigen Alkaloiden (Nikotin, Coniin) befolgt man vorläufig am besten die zweite Methode und macht dann den Auszug alkalisch und destilliert das flüchtige Alkaloid mit Wasserdampf. Man kann aber auch das Material direkt mit einer verd. Alkalilsg. destillieren. Aus dem Destillat gewinnt man das Alkaloid durch Ausschütteln mit Ä. oder nach einer der gewöhnlichen Methoden (siehe unten und bei Nikotin **45**).

Nicht flüchtige Alkaloide fällt man, wenn sie in wäss. Salzlsg. vorliegen und in Wasser schwer löslich sind, mit Alkalien o. d. (siehe Chinin **42**). Sind die freien Alkaloide löslich, so fällt man sie als schwer lösliche Verbindung z. B. mit Kaliumwismuthjodid, Jodkaliumquecksilberchlorid, Tannin o. a. Als Beispiel sei letztere Methode ausführlicher erörtert.

Der Tannin-Alkaloidnds. wird mit A. oder Wasser gemischt und durch Erwärmen mit Bleihydroxyd oder -karbonat (frischgefälltem!) zerlegt. Das freigewordene Alkaloid wird entweder ausgeschüttelt oder nach der Filtration durch einfaches Eindampfen gewonnen.

Die nach der Methode III b gewonnenen Produkte brauchen durchwegs nur einige Male umkristallisiert zu werden (siehe Piperin **41**).

Schließlich kann auch, ganz oder zum Teile, für die Isolierung, wie für die Reindarstellung von Alkaloiden das bekannte Verfahren von Staß - Otto angewandt werden, wie dies bei toxikologischen Untersuchungen gebräuchlich ist (s. Morphin, **46**).

Die Methoden zur Reindarstellung der Alkaloide hängen so sehr von den jeweiligen Umständen ab, daß sie nicht allgemein geschildert werden können. Bei der Trennung mehrerer Alkaloide werden die Löslichkeitsunterschiede (Cinchonin und Chinin in A.-Chininsulfat und Cinchoninsulfat in Wasser, **42**) oder die fraktionierte Präzipitation angewendet. Für letztere eigenen sich die Platin- oder Goldchloriddoppelsalze gut.

Isolierung eines Alkaloids durch direkte Extraktion des Grundstoffes mit neutraler Flüssigkeit.

40. Beispiel: Koffein.

$$CH_3 - N - CO$$

Eul. 169, Schm. 1819, Holl. § 272 usw.

Zur Isolierung von Koffein benutzen wir Tee als Ausgangsmaterial, und zwar den billigen sog. Teestaub. 1 kg desselben werden 3- bis 4 mal, im ganzen mit etwa 5 L. Wasser, ausgekocht. Den vereinigten klaren Auszügen wird Bleiessig im geringen Überschuß zugesetzt, der graugelbe Nds. abfiltriert und durch das Filtrat H_2S geleitet. Man läßt das Schwefelblei absitzen, filtriert und dampft das Filtrat auf 100 ccm ein, worauf sich beim Abkühlen das Rohkoffein in schönen langen Kristallen oder Kristallbüscheln ausscheidet. Es wird aus der 5 fachen Menge kochenden Wassers, eventuell unter Zusatz von etwas Tierkohle solange umkristallisiert, bis es farblos ist und dann noch einmal aus einer eben genügenden Menge siedenden Benzols.

Ausbeute: 4,2—12 g.

Reinheitskriterien: Weiße Nadeln, Smp. 234—235⁰ (da Koffein schon etwas über 100⁰ anfängt sich zu verflüchtigen, ziehe man die 50 gegebenen Winke in Betracht). Es darf keinen Verbrennungsrückstand hinterlassen, noch sich mit H_2SO_4 oder HNO_3 färben.

Erläuterung: Das Koffein findet sich in den Teeblättern wahrscheinlich als Gerbsäuresalz vor, wird jedenfalls von dieser Säure in beträchtlicher Menge begleitet. Obige wie andere Isolierungsmethoden bezwecken in erster Linie die Beseitigung dieses Nebenproduktes. Hier wird es als Bleisalz präzipitiert und das überschüssige Blei nachher als Bleisulfid entfernt. Das Koffein ist in kochendem Wasser leicht, in kaltem schwer löslich.

Zur Isolierung des Koffeins werden noch verschiedene andere Methoden empfohlen. Die von uns angewandte Methode kann auch bei andern Ausgangsmaterialien befolgt werden, wenn man nur das Rohkoffein aus siedendem Benzol mehrere Male umkristallisiert. Koffein scheidet sich beim Abkühlen wieder fast vollständig aus, während das Begleitalkaloid Theobromin ziemlich leicht löslich ist.

Auf ähnliche Weise können Theobromin aus Kakaobohnen und Aspidospermin aus Quebrachorinde isoliert werden.

Koffein gehört zu den wenigen Alkaloiden, welche in sehr verschiedenen Pflanzenfamilien vorkommen. Es wurde u. a. nachgewiesen in den Kolanüssen, in den Kaffeesamen (bis 2 %), in Guarana (bis 5 %) und in Teeblättern (bis 4 %).

Isolierung eines Alkaloids aus alkalischem Medium mittelst Äther.

41. Beispiel: **Piperin.**

$$N-CO-CH=CH-CH=CH-\underset{O}{\overset{O}{\bigodot}}CH_2$$

Eul. 152, 153, Schm. 1694, B. 570, Holl. § 390.

200 g Calcium oxydatum (e marmore) werden mit 600 ccm Wasser gelöscht und der dünne Brei mit 200 g grob pulverisierten **weißen Pfefferfrüchten** vermischt. Sollte die Masse nicht breiig sein, so wird mehr Wasser zugesetzt, hierauf unter stetem Rühren auf dem Wasserbade zur Trockne eingedampft, pulverisiert, nochmals gut getrocknet und mit vorher über $CaCl_2$ getrocknetem Ä. extrahiert (9).

Der Auszug der ersten 3 Stunden wird gesondert verarbeitet, indem man den Ä. abdestilliert, den Rückstand einige Minuten mit 100 ccm 70 proz. A. kocht und heiß im Warmwassertrichter filtriert. Beim Abkühlen des Filtrats scheiden sich reichlich hellgelbe Kristalle aus, die gesammelt und mit 10 ccm 70 proz. A. nachgewaschen werden.

Inzwischen wird das Kalk-Pfeffergemisch weiter mit Ä. ausgezogen, bis dieser nichts mehr aufnimmt und dieser Auszug wie oben behandelt. Zum Umkristallisieren wird zuerst die Mutterlauge vom oben gewonnenen Piperin benutzt, wobei das Volum durch Zusatz von 70 proz. A. auf wenigstens 100 ccm gebracht werde. Ist auch diese Fraktion fast rein, so wird sie zusammen mit der ersten, eventuell unter Zusatz von Tierkohle aus 50 proz. A. umkristallisiert, bis die Kristalle farblos sind. Die letzten Anteile des anhaftenden gelben Farbstoffes sind nur schwierig zu entfernen.

Ausbeute: 10—10,2 g.

Reinheitskriterien: Farblose Kristalle ,welche bei 129° schmelzen In völlig reinem Zustande sind sie geschmacklos.

Erläuterung: Das Piperin kommt an Säuren gebunden im Pfeffer vor. Durch den Zusatz von Kalk wird das Alkaloid in Freiheit gesetzt und dann durch Ä. extrahiert. Im Extrakt befinden sich als Verunreinigungen besonders harzartige Substanzen und ein ätherisches Öl. Diese werden durch die mehrmalige Umkristallisation aus verdünntem A. entfernt. Die ersten Anteile des Extraktes werden zweckmäßig gesondert verarbeitet, weil diese viel Piperin enthalten und in den letzten sich die Verunreinigungen anhäufen.

Piperin wurde in mehreren Piperaceen aufgefunden.

Isolierung eines Alkaloids durch Extraktion des Grundstoffes mit saurer Flsk.

42. Beispiel: Chinin.

Eul. 158, Schm. 1756 B. 592, Holl. § 414.

1 kg gepulverte ($A_{1^1/_2}$) Chinarinde wird 4 bis 5 mal während 15 Min. mit 1 proz. H_2SO_4 ausgekocht, jedesmal ausgepreßt und die vereinigten Auszüge, die ca. 3 L. betragen sollen, mit Kalkmilch im Überschuß versetzt, d. h. so lange, bis er stark alkalisch reagiert. Nachdem man die Masse 12 Stunden beiseite gestellt hat, wird vom schmutzig-rosafarbigen Nds. abgegossen, letzterer einigemale mit kleinen Mengen Wasser gewaschen und langsam getrocknet.

Der trockene Nds. wird dreimal mit 100 ccm heißem 96 proz. A. ausgezogen, die filtrierten Auszüge bis auf 100 ccm eingedampft, wobei beim Abkühlen das Cinchonin zum größten Teil auskristallisiert. Man filtriert, wäscht mit kleinen Mengen A. nach, und neutralisiert das Filtrat genau mit verd. H_2SO_4. Man setzt 100 ccm Wasser hinzu, befreit die Masse vollständig vom Weingeist, läßt erkalten und sammelt die sich abscheidenden Kristallnadeln von Chininsulfat. Das Salz wird durch mehrmaliges Umkristallisieren aus der 30 fachen Menge kochenden Wassers (filtrieren im Heißwassertrichter!!) gereinigt.

Das freie Alkaloid wird gewonnen, indem man das Sulfat mittelst verd. H_2SO_4 in Lsg. bringt, diese Lsg. unter Rühren in etwas überschüssigen Ammoniak gießt, einige Zeit stehen läßt, den Nds. sammelt, bei niedriger Temp. auswäscht und trocknet. Das so gebildete Chinin ist ein Hydrat. Will man es wasserfrei erhalten, so muß es aus der kochenden gesättigten wäss., oder aus einer Lsg. in starkem A. oder in Ä. umkristallisiert werden.

Ausbeute: 6—12 g.

Reinheitskriterien: Farblose Kristalle, welche sich beim Zusatz von konz. H_2SO_4 kaum färben sollen. Beim Verbrennen darf kein Rückstand zurückbleiben. Werden 0,2 g Chininsulfat mit 5 ccm einer Mischung aus 30 Volumteilen PÄ. (s. G. 0,68; Sdp. 70—80⁰) und 70 Volumteilen Chloroform geschüttelt und gleich darauf filtriert, so darf das klare Filtrat auf Zusatz von 3 Teilen des obengenannten PÄ. nicht getrübt werden (andere Chinaalkaloide!).

Erläuterung: Das Chinin wird der Chinarinde als leicht lösliches Chininbisulfat entzogen. Die vom Kalk im Auszug niedergeschlagene Masse enthält außer freiem Chinin und Nebenalkaloiden die Kalziumsalze der Schwefelsäure, Chinasäure und Chinagerbsäure. Die Reinigung beruht darauf, daß das Cinchonin in A. viel schwerer löslich ist als das Chinin und das Sulfat des Chinins in Wasser weit schwerer als das der Nebenalkaloide.

Auf ähnliche Weise können viele Alkaloide isoliert werden.

Isolierung von 2 Alkaloiden mit angesauerter Extraktionsflsk., Trennung durch verschiedene Löslichkeit in Alkohol.

43. Beispiel: Strychnin.

Eul. 161, Schm. 1579.

1 kg Strychnossamen (Semen Strychni) werden in einer Emailpfanne solange mit 2 L. 2proz. Schwefelsäure langsam gekocht, bis die harten Samen weich geworden sind (2 bis 3 Tage), wobei das verdampfte Wasser stets wieder angefüllt werden muß.

Nun koliert man heiß, zerstampft die Samen in einem tiefen mit Tuch bedeckten Mörser und kocht diese Masse abermals mit 2 L. Wasser aus, koliert nach Bekühlung, neutralisiert die vereinigten braunen Auszüge mittels Natriumkarbonat, sauert wieder mit Zitronensäure deutlich an, und dampft bei niedriger Temp. auf 1 L. ein.

Nachdem man die Flsk. hat abkühlen lassen, filtriert man, macht das Filtrat mit Natronlauge stark alkalisch (auf Curcumapapier) und stellt während 3 Tage an einen kühlen Ort hin. Die abgeschiedenen Alkaloide werden nun gesammelt auf ein Filter und mit kleinen Portionen Wasser nachgewaschen. Nach dem Trocknen wird die Masse mit der fünffachen Menge kalten 50proz. A. 1 Stunde unter zeitweiligem Umschütteln stehen gelassen, dann filtriert und noch dreimal auf derselben Weise mit dem gleichen Gewicht desselben A. ausgezogen. Die vereinigten alkoholischen Auszüge werden auf Brucin (44) verarbeitet.

Der ungelöste Rückstand wird mit der 15fachen Menge 90proz. A. ausgekocht, heiß filtriert und die beim Erkalten sich abscheidenden Kristalle, eventuell unter Zusatz von Tierkohle, aus heißem 70proz. A. umkristallisiert, bis das so gewonnene Strychnin rein ist.

Ausbeute: 9—14,2 g.

Reinheitskriterien: Farblose Kristalle, Smp. 268°. Mit konz. H_2SO_4, der eine Spur Salpetersäure zugesetzt worden ist, darf es sich nicht rot färben (Brucin).

Erläuterung: Das Strychnin und Brucin gehen als schwefelsaures Salz in den Extrakt über. Die harten Samen, welche schwer zu pulverisieren sind, lassen sich nach der beschriebenen Bewirkung leicht zerkleinern. Die neutralisierte Flsk. wird vor dem Eindampfen angesauert, weil sich dann die Alkaloide weniger leicht zersetzen. Von Lauge werden sie dann niedergeschlagen, und das leichter lösliche Brucin in verdüntem A. gelöst, wobei Strychnin ungelöst zurückbleibt und sogleich von verunreinigenden Farbstoffen befreit wird.

44. Brucinum.

Eul. 161, Schm. 1592.

Die alkoholische Lösung des Brucins (siehe oben) wird bei niedriger Temp. zur Trockne eingedampft und mit der fünffachen Menge Aceton während zwei Stunden geschüttelt. Dann wird filtriert, abermals zur Trockne eingedampft und der Verdampfungsrückstand aus heißem 40 proz. A. umkristallisiert (eventuell unter Zusatz von Tierkohle), bis reines Brucin vorliegt.

Ausbeute: 7,3—10,1 g.

Reinheitskriterien: Farblose Kristalle, welche wasserfrei bei 178° schmelzen. Übergießt man einige Körnchen Brucin mit konz. H_2SO_4, so darf es sich nicht färben, auf Zusatz von etwas Salpetersäure färbt sich die Flsk. rot. Nachdem diese Farbe in Gelb übergegangen ist, darf ein zugesetztes Körnchen Kaliumpermanganat keine violetten Streifen hervorrufen (Stychnin).

Erläuterung: Aceton löst leicht Brucin, sehr schwer Strychnin. Ersteres wird schließlich durch Umkristallisieren weiter gereinigt.

Isolierung eines Alkaloids durch Extraktion des Grundstoffes mit saurer Flsk. — Destillation des flüchtigen Alkaloids aus alkalischer Lsg.

45. Beispiel: Nikotin.

Eul. 153, Schm. 1569, B. 593, Holl. § 410.

$$H_2C\text{———}CH_2$$
$$—HC\diagdown\diagup CH_2$$
$$N$$
$$|$$
$$CH_3$$

1 kg nicht-fermentierte Tabakblätter (die offizinellen Folia Nicotianae) werden zerschnitten und mit so viel schwefelsäurehaltigem Wasser (100 ccm 25 proz. Schwefelsäure werden zugesetzt) übergossen, daß sie vollständig davon bedeckt sind. Nach 24 stündiger Mazeration wird die Masse $\frac{1}{4}$ Stunde infundiert, dann ausgepreßt, und die Faezes noch einmal in der gleichen Weise mit Wasser behandelt. Die vereinigten Auszüge werden mit überschüssigem Natriumkarbonat versetzt und dann so lange mit Wasserdampf destilliert, als die übergehende Flsk. noch nach Nikotin riecht.

Das Destillat wird mit Oxalsäure schwach angesäuert, zu einem dünnen Sirup eingedampft, an einen kühlen Ort gestellt, worauf sich eine Kristallmasse ausscheidet. Die Mutterlauge wird abgegossen, die Kristallmasse in einen Scheidetrichter gebracht, mit 20 proz. Kalilauge zersetzt und die sich als braunes Öl abscheidende Nikotinschicht gesammelt. Die Lauge wird dann noch zweimal mit 25 ccm Ä. ausgeschüttelt.

Nachdem man das Nikotinöl mit diesen äth. Ausschüttelungen vereinigt hat, trägt man solange gepulverte Oxalsäure ein, bis die äth. Lsg. deutlich sauer reagiert. Man schüttelt, sammelt die untere Schicht von Nikotinoxalat, behandelt dieses wie oben mit Kalilauge und Ä., treibt den Ä. im Wasserbade aus, erhitzt die Flsk. einige Stunden im Wasserstoffstrome auf 140^0 und destilliert sodann bei 180^0 das Nikotin ab.

Ausbeute: 3,5—18,8 g.

Reinheitskriterien: Farblose, ölige Flsk. Sdp. $246,7^0$ (korr.) bei 745 mm; S. g. $1,01_{15^0}$; $[\alpha]_D = -161,55^0$.

Erläuterung: Das Nikotin ist im Tabak wahrscheinlich zum größern Teile als wasserlösliches (äpfel- und zitronensaures) Salz vorhanden. Der Zusatz von H_2SO_4 beim Ausziehen ist also nur vorsichtshalber, um etwa vorhandenes freies Nikotin zu binden. Im wäss. Auszug wird das Nikotin bei Zusatz einer stärkeren Base (hier Kalziumhydroxyd) aus den Salzen wieder in Freiheit gesetzt.

Mit Wasserdämpfen ist es flüchtig, wir erhalten es also im Destillat.

Welche Best. des wäss. Auszuges bleiben im Destillationsgefäß zurück, welche gehen mit in das Dest. über?

Die sich abscheidende Oxalatkristallmasse (siehe Isolierung) besteht im wesentlichen aus Nikotin- und Ammoniumoxalat. Das Nikotinoxalat ist in Ä. schwer löslich.

Warum wird im Wasserstoffstrome destilliert?

Zuerst wird bei 140^0 einige Stunden erhitzt, um Wasser, Ammoniak und etwa vorhandene Nebenalkaloide (wie Nicotinin) auszutreiben.

Auf ähnliche Weise kann Coniin aus Schierlingssamen isoliert werden.

Nikotin findet sich in verschiedenen Arten der Gattung Nicotiana Der Gehalt wechselt von 0,4—9 %. Durch die Fermentierung sollen etwa zwei Drittel des Nikotins verloren gehen.

Isolierung eines Alkaloids nach der Stass-Ottoschen Trennungsmethode.

46. Beispiel: Morphin.

Eul. 150, 159, Schm. 1700, B. 591, Holl. § 413.

50 g Opium (oder 60 g des offizinellen „Pulvis Opii", die aber direkt mit dem Wasser gemischt werden) werden mit 100 g reinem Sand in einem Mörser möglichst fein zerrieben und dann allmählich mit etwa 200 ccm Wasser gemischt. Der Masse wird eine frisch bereitete Mischung von 10 g fein pulverisiertem (B_{50}) Kalziumhydroxyd in 200 ccm Wasser zugesetzt.

Nachdem man den Kalk unter zeitweiligem Umrühren wenigstens 5 Stunden hat einwirken lassen, erwärmt man ½ Stunde auf 60⁰ und filtriert.   Den Rückstand zieht man noch zweimal mit 25 ccm warmem Wasser aus und preßt ihn schließlich aus. Die vereinigten Filtrate werden mit 300 ccm Ä. und 5 g Ammonchlorid während 15 Min. fortwährend geschüttelt, worauf man während einer Nacht beiseite stellt.   Nach Abscheidung des Morphins wird die Ä.-Schicht entfernt.   Schweben in derselben Morphinanteile, so filtriert man sie durch ein Filter, auf dem man nachher auch das Morphin, das in der wäss. Flsk. schwebt, sammelt.   Die wäss. Masse wird erst noch zweimal mit 25 ccm Ä. ausgeschüttelt.

Das gesammelte Morphin wird so lange mit kleinen Portionen Wasser nachgewaschen, bis die ablaufende Flsk. nicht mehr alkalisch reagiert (Probe mit 2 Tr. Phenolphtalein).   Das Morphin wird schließlich aus heißem 96 proz. A. umkristallisiert und scheidet sich aus der gewöhnlich noch schwach braun gefärbten Lsg. in gut ausgebildeten Kristallen aus.

Ausbeute: 4,1—5,3 g.

Reinheitskriterien: Farblose Kristalle, welche unter Zersetzung bei etwa 230⁰ schmelzen.   Löslich in überschüssigem Natronlauge (Narkotin); dieser klaren Lsg. soll Ä. merkliche Mengen eines Alkaloids nicht entziehen (Kodein u. a.).   Das Morphin soll aschefrei sein und sich in konz. Schwefelsäure farblos lösen.

Erläuterung: Die Isolierung des Morphins nach obenerwähnter Methode gründet sich auf seine Löslichkeit in Kalkwasser, als Calciumverbindung.   Die übrigen Opiumalkaloide, wie Narkotin, Kodein und Papaverin, werden in dieser alkalischen Flsk. gefällt.   Im Filtrat wird das Morphin durch Ammoniak niedergeschlagen.   Woher kommt das Ammoniak?   Warum wird mit Ä. ausgeschüttelt?

Morphin, das im Opium von etwa 60 anderen Alkaloiden begleitet wird, bildet weitaus den Hauptbestandteil desselben (bis 15 %).

Isolierung eines Alkaloid(salzes) durch Extraktion mit saurer Flüssigkeit.

47. Beispiel: **Berberin(sulfat).**

Eul. 160, Schm. 1632, B. 592.

500 g Pulver (B_{10}) der Wurzelrinde von Berberis vulgaris (Cortex radicis berberidis) werden zuerst mit 3 l, 1 proz. Essigsäure, dann noch zweimal mit 1 l Wasser ausgekocht.   Die Masse wird jedesmal heiß koliert und scharf gepreßt, die vereinigten, filtrierten Auszüge alsdann bei niedriger Temp. zum dünnen Extrakt eingedampft (bis zu etwa 100 g) und direkt mit 200 ccm 20 proz. Schwefelsäure gemischt. Bald scheidet sich Berberinsulfat als gelbes Pulver aus.   Die Flsk.

wird aber mindestens 2 Tage an einen kühlen Ort gestellt, dekantiert, der Dekantierrückstand abgenutscht und mit wenig 5 proz. Schwefelsäure, dann mit Wasser gewaschen. (Falls man von Rhizoma Hydrastis ausgegangen ist — siehe unten — werden die Filtrate auf Hydrastin verarbeitet). Das orangegelbe Pulver wird in möglichst wenig heißem Wasser gelöst, ein gleiches Volumen A. (95 %) und auf je 100 ccm Flsk. 2 ccm Schwefelsäure zugefügt. Beim Erkalten scheidet sich das Berberinsulfat aus der gelbbraunen Flsk. in orangegelben Nädelchen aus. Diese werden auf dem Filter gesammelt, mit 25 ccm Wasser gewaschen, und nochmals aus siedendem 50 proz. A. umkristallisiert.

Ausbeute: $\pm$ 6 g.

Reinheitskriterien: Schön gelbe Kristalle, welche beim Verbrennen keinen Rückstand hinterlassen dürfen.

Erläuterung: Das mit angesäuertem Wasser extrahierte Berberin wird durch überschüssige Schwefelsäure als schwer lösliches saures schwefelsaures Berberin, $C_{20}H_{17}NO_4 \cdot SO_4H_2$ ausgefällt. Das reine Alkaloid ist nach neuern Untersuchungen weder durch Barytwasser noch über Azetonberberin in kristallisiertem Zustand zu gewinnen.*) Es ist nur in Lsg. bekannt, welche beim Eindampfen nicht alkalisches Berberinal geben.

Berberin (Formel des Sulfats $C_{20}H_{17}NO_4 \cdot H_2SO_4$) ist eines der wenigen Alkaloide, die sich in Pflanzen verschiedener Familien finden, so in Ranunculaceae und Berberidaceae.

Das Alkaloid kann auf demselben Wege aus Hydrastisrhizom (Rhizoma Hydrastis) dargestellt werden. Man geht dann von $\frac{1}{2}$ Kgr. aus und erhält 9,2—14 g Berberinsulfat. Man verwende aber nur dieses teure Material, wenn man aus dem schwefelsäurehaltigen Filtrat des Berberinsulfats (siehe oben)

48. Hydrastin.

darstellen will. Dieses Filtrat wird dann mit Ammoniak alkalisch gemacht, das gefällte Roh-Hydrastin nach 4 Stunden gesammelt, mit Wasser nachgewaschen und aus der hinreichenden Menge heißem 95 proz. A., dem nachher $^1/_{10}$ seines Volumens Ä. zugesetzt wird, umkristallisiert.

Ausbeute: 5,3—8,3 g

Reinheitskriterien: Weiße Kristalle, Smp. 132⁰.

Erläuterung: Das Hydrastin ist als Sulfat in obengenannter Lsg. vorhanden und wird durch alkalische Substanzen (wie Ammoniak) gefällt.

Reaktionen und Eigenschaften der Alkaloide.

Allgemeine Alkaloidreaktionen. Die meisten Alkaloide zeigen allgemeingültige Fällungsreaktionen, u. a. mit Mayers

---

*) Doch kommt eine Beschreibung dieses Verfahrens noch in manchen Büchern vor, so in der letzten Auflage der „Realenzyklopaedie d. ges. Pharmazie", wodurch ich erst nach einigen resultatlosen Versuchen fand, daß Berberin überhaupt nicht darzustellen ist.

Reagens (1 g Sublimat, 4 g Kaliumjodid und 95 g Wasser), mit Bouchardats Reagens (5 g Jod, 10 g Kaliumjodid und 100 g Wasser), mit Tanninlsg. (10 g Tannin, 80 g Wasser und 10 g Spiritus 95 %) und Pikrinsäure (wäss. Lsg. 1:100). Man überzeuge sich davon mit verd. neutralen salzsauren Lsgg. ($^1/_{10}$ bis $^1/_{100}$ %) der isolierten Alkaloide, indem man zu einigen Tropfen dieser Lsgg. auf einem Uhrglas einen Tr. des Reagens zufließen läßt.

Neutrale Salzlsgg. kann man sich darstellen, indem man die Alkaloide durch tropfenweisen Zusatz 1 proz. Salzsäure in wenig Wasser löst, diese Lsg. bei niedriger Temp. zur Trockne eindunstet und die Rückstände mit der gewünschten Menge Wasser aufnimmt.

Man wird dabei erfahren, daß Morphin von Tanninlsg. nicht präzipitiert wird, Koffein von Bouchardats Reagens nur in saurer Lsg.

Die meisten Eiweißkörper bilden ähnliche Ndss., welche aber in 95 proz. A. nicht löslich sind.

Spezielle Alkaloidreaktionen. Neben den oben erwähnten Fällungsmitteln gibt es mehrere Reagenzien, welche mit Alkaloiden verschiedene Färbungen hervorrufen, wenn ein wenig Alkaloid mit denselben gemischt oder vorsichtig erwärmt wird. Die bekanntesten dieser Reagenziën sind: konz. Schwefelsäure u. a. Morphin und Koffein farblos, Berberin olivengrün; Erdmanns Reagens (konz. Schwefelsäure, der eine Spur Salpetersäure zugefügt ist, nl. auf 12 ccm Schwefelsäure 6 Tr. einer Salpetersäurelsg: 6 Tr. = 100 ccm, mit Wasser): färbt u. a. Nikotin braunrot, Morphin schmutzig-rot, Koffein rosa, Berberin gelblich-grün, während Chinin nicht gefärbt wird; Fröhdes Reagens (Lsg. von 1 g Ammonmolybdat und 100 ccm konz. Schwefelsäure, muß von Zeit zu Zeit frisch bereitet werden): färbt u. a. Nikotin hellgelb, Morphin erst violett, dann grün, Berberin gelblich-grün, während Chinin und Koffein nicht gefärbt werden.

Reaktion auf Stickstoff. Man überzeuge sich, daß alle Alkaloide Stickstoff enthalten. Zu dem Zwecke wird eine kleine Menge derselben mit einem erbsengroßen Stück metallischen Natriums in ein kleines unten geschlossenes Glasröhrchen von etwa 8 cm Länge und 8 mm lichter Weite gebracht, dasselbe im Bunsenbrenner bis zur beginnenden Rotglut erhitzt und, noch heiß, in ein kleines Becherglas getaucht, welches etwa 10 ccm kaltes Wasser enthält (Vorsicht, schütze die Augen!). Aus dem Natrium, Kohlenstoff und Stickstoff hat sich Zyannatrium (NaCN) gebildet, daß beim Zerspringen des Glasröhrchens in Lsg. geht. Die wäss. Lsg. wird filtriert, ein Körnchen Ferrosulfat und 10 Tr. Kalilauge hinzugegeben und die Masse aufgekocht. Beim Zusatz der Lauge zur Ferrosulfatlsg. wird Ferrohydroxyd gebildet, welches beim Kochen teilweise zu Ferrihydroxyd oxydiert wird. Aus dem vorhandenen Ferro-, Ferri- und Zyansalz wird Ferroferrizyanid, das Berlinerblau, gebildet, welches beim tropfenweisen Zusatz verd. Salzsäure sichtbar wird.

Speziallit. für Alkaloide: Nr. 6, 9, 12, 23, 25, 36.

Eiweißstoffe.

Eul. 179, Schm. 2062, B. 597, Holl. § 246.

Zur Isolierung von Eiweißkörpern werden die Grundstoffe, je nach der Natur der ersteren, mit Wasser, Kochsalzlsg. (5 bis 10 proz.) **(49)**, verd. Ätzalkalien (0,1—1 proz.) **(51)** oder Weingeist (40—80 proz.) **(50, 52)** extrahiert.

Aus den wäss. und salzigen Extrakten kann der Eiweißkörper durch Versetzen mit A., Aussalzen und manchmal auch durch schwache Säuren abgeschieden werden. Aus manchen salzigen Lösgg. von Eiweißkörpern scheiden sich dieselben durch Verdünnen mit Wasser oder durch Dialyse aus **(49)**.

Alkalische Lsgg. der Eiweißkörper werden durch Neutralisation mit verdünnten Säuren zerlegt **(51)**.

Aus den alkoholischen Lsgg. werden die Eiweißkörper entweder durch starkes Verdünnen mit Wasser oder durch Zusatz von starkem A. (und eventuell von Ä.) gefällt **(50, 52)**.

Die ausgefällten Eiweißkörper werden hornartig, wenn man sie nicht genau und schnell trocknet. Sie werden daher meistens nacheinander mit A. und Ä. gewaschen und im Vakuum über Schwefelsäure getrocknet.

Bei der Isolierung von Eiweißkörpern tritt leicht Zersetzung durch Fäulnis ein, was zwar durch Arbeiten bei niederer Temp. oder durch Zusatz von Thymol, Chloroform oder dergleichen konservierender Mittel vermieden werden kann.

Die Reindarstellung von Eiweißkörpern ist oft sehr schwierig. Zumal die letzten Aschenbestandteile sind schwer zu entfernen.

Isolierung eines wasser-unlöslichen Eiweißstoffes (Globulins) durch Extraktion mit Kochsalzlösung.

49. Beispiel: Edestin.

Eul. 187, Schm. 2092.

1200 g Hanfsamen werden zerkleinert und durch Extraktion mit PÄ. vom fetten Öl befreit. Dann wird der PÄ. tusgetrieben, die Hüllen durch Sieben entfernt und das Mehl noch feiner pulverisiert.

500 g des Hanfsamenmehles werden mit einer Mischung von 1 l 11 proz. Kochsalzlsg. und 100 ccm gesättigter Barytlsg. ausgezogen, indem man unter Rühren etwa $\frac{1}{2}$ Stunde mazeriert. Die Masse wird auf weichem Filter filtriert, das zuvor mit 11 proz. NaCl-Lsg. befeuchtet worden ist. Die letzten Anteile können mit Papiermasse gemischt und gepreßt werden. Dann wird die ganze Quantität des Extraktes abermals filtriert, bis es ganz klar ist.

Das Filtrat wird in fließendem Wasser dialysiert. Nach einigen Tagen scheidet sich das Edestin aus, manchmal in Kristallform. Es wird auf ein Filter gebracht, mit kalter 3 proz. Kochsalzlsg., dann mit dest. Wasser, 70 proz. A., absolutem A. und Ä. gewaschen und schließlich über Schwefelsäure getrocknet.

Ausbeute: 38—40 g.

Reinheitskriterien: Das Edestin soll keinen Verbrennungsrückstand hinterlassen. Die elementare Zusammensetzung ist:
$$C\ 51{,}3 \qquad H\ 6{,}9 \qquad N\ 18{,}7 \qquad O\ 22{,}2\ \%.$$

Erläuterung: Der Zusatz von Barytwasser zur Extraktionsflüssigkeit hat den Zweck, die in den Hanfsamen vorhandenen Säuren zu binden. In saurer Lsg. würden andere Proteine mit ins Extrakt übergehen. Es empfiehlt sich daher auch, die Säurezahl des Hanfmehles vorher an einer Probe festzustellen, wobei Phenolphthalein als Indikator benutzt wird. Bei der Extraktion wird dann die Hälfte der daraus berechneten Menge Barytwasser zugesetzt.

Es wird eine 11 proz. Kochsalzlösung verwendet, um die ganze Extraktionsflsk. auf etwa 10 % zu bringen.

Die Extraktion kann auch mit verdünnteren Kochsalzlösungen geschehen, muß dann aber bei höherer Tmp. stattfinden. So kann z. B. eine 5 proz. Lsg. bei 60⁰ angewendet werden.

Auf ähnliche Weise können u. a. das Globulin der Kürbis- und Baumwollsamen, wie das Amandin der Mandeln isoliert werden.

Edestine kommen ziemlich verbreitet in der Natur vor.

Isolierung eines wasserunlöslichen Eiweißstoffes (Globulins) durch Extraktion mit Kochsalzlösung.

50. Beispiel: Gliadin.

Eul. 185, Schm. 2090.

1000 g Weizenmehl werden mit so viel Wasser ($\pm$ 500 ccm) gemischt, daß sich ein zusammenhängender Teig bildet. Dieser wird in ein Stück Mull gebunden und unter der Wasserleitung mit den Händen geknetet, bis das strömende Wasser nicht mehr trübe erscheint, d. h. bis fast alle Stärke entfernt ist. Die ablaufende Flsk. läßt man durch ein feinmaschiges Sieb (B 50) hindurchfließen, die auf demselben zurückbleibende Masse — meist Kleber — wird zu dem Knetrückstand gefügt und die ablaufende Stärkesuspension aufgefangen und weiter auf Stärke verarbeitet (s. weiter **17**).

Der Knetrückstand — Kleber, Gluten — wird oberflächlich getrocknet und dann gewogen. Sein Wassergehalt beträgt etwa zwei Drittel des Gesamtgewichtes. Diese Masse wird mit so viel starkem A. innig gemischt — am besten, indem man die Masse mit der Hand durcharbeitet —, daß dieser mit dem Wasser des feuchten Glutens einen A. von 70 % ergibt. Nachdem man die Mischung 24 Stunden hat stehen lassen, wird sie durch ein Flanelltuch koliert und scharf ausgepreßt. Diese Operation wird mit 70 proz. A. solange wiederholt, als eine genügende Menge in Lsg. geht. Der Rückstand wird auf Glutenin (**51**) verarbeitet.

Die vereinigten klaren Extrakte werden auf dem Wasserbade, nicht über 70^0, — vorzugsweise unter vermindertem Druck — zu einem Sirup eingedickt und dieser alsdann, unter Umrühren, in 600 g 1 proz. eiskalte Kochsalzlsg. gegossen. Das Roh-Gliadin scheidet sich dabei gewöhnlich als eine zähe Masse aus, die, nachdem die Flsk. dekantiert ist, mit Wasser ausgewaschen wird.

Durch Zugabe von 90 proz. A. wird das Roh-Gliadin unter Erwärmen in möglichst wenig Flsk. gelöst und dann abermals in 250 ccm Kochsalzlsg. gegossen usw. wie oben.

Das so gereinigte Gliadin wird mit Hilfe 90 proz. A. in der Wärme in Lsg. gebracht und diese Lsg. in 800 ccm 96—99 proz. A. gegossen, unter konstantem Rühren mit einem Glasstab. Das Gliadin, das als zähe Masse gefällt wird, klebt großenteils in einem Klumpen am Glasstab.

Es wird gesammelt, in kleine Stücke zerteilt, erst mit 96 proz., dann mit absolutem A. maceriert und zerrieben, bis ein feines Pulver entsteht, dann filtriert, rasch mit Ä. nachgewaschen und schließlich über H_2SO_4 getrocknet.

Ausbeute: 32—50 g.

Reinheitskriterien: Weißes Pulver, das beim Verbrennen keinen Rückstand hinterlassen darf. Elementare Zusammensetzung: C 52,72, H 6,86, N 17,66, S 1,03, O 21,73 %.

Erläuterung: Beim Auswaschen mit Wasser wird aus dem Weizenmehl Stärke entfernt, während das Gluten zurückbleibt. Dieses besteht in der Hauptsache aus zwei wasserunlöslichen Eiweißstoffen, dem Gliadin und dem Glutenin, welche in ungefähr gleicher Menge vorhanden sind. Gliadin ist leicht löslich in 70 proz. Ä., Glutenin ist darin unlöslich, löslich aber in verdünnter Lauge. Hierauf beruht ihre Trennung und Isolierung. Die Entfernung der Stärke in oben beschriebener Weise ist schon in 1—2 Stunden, für unseren Zweck genügend, erreicht.

Vergleiche weiter beim Hordein, 52; das dort Gesagte gilt auch für dieses Prolamin.

Isolierung eines wasser-, kochsalz- und alkoholunlöslichen Eiweißstoffes (Glutenins) durch Extraktion mit verd. Lauge.

51. Beispiel: Glutenin.
Eul. 185 u. 188, Schm. 2090.

Der bei der Isolierung des Gliadins aus Weizenmehl verbliebene Rückstand (siehe bei Gliadin) wird bei Zimmertemp. getrocknet und möglichst fein gemahlen. Das Pulver wird mit A. und Ä. solange extrahiert, als noch etwas in Lsg. geht, und nach Verdunstung des anhängenden Ä. in $^2/_{10}$ proz. Kaliumhydroxyd gelöst. Die trübe Lsg. wird, wie S. 36 angegeben, filtriert und das klare Filtrat mit 1 proz. Salzsäure neutralisiert. Der Gluteninnds. wird durch Dekantieren und zweimaliges Waschen mit 300 ccm dest. Wasser gereinigt und dann solange mit 70 proz. A. ausgezogen, als Gliadin in Lsg. geht.

Nun wird das Glutenin wieder in möglichst wenig $^1/_{10}$ proz. Kalilauge gelöst, eventuell filtriert, und mit 1 proz. Salzsäure wieder ausgefällt. Nachdem der Nds. nun nochmals ausgewaschen und mit 70 proz. A. ausgezogen worden ist, wird er mit absolutem A. entwässert, mit Ä. ausgezogen und schließlich über H_2SO_4 getrocknet.

Ausbeute: 28—46 g.

Reinheitskriterien: Weißes, aschefreies Pulver, das an 70 proz. A. nichts abgeben soll. Zusammensetzung: C 52,34, H 6,83, N 17,49, S 1,08, O 22,26 %.

Erläuterung: Glutenin kann als wasser- und alkohol-unlösliches Eiweiß durch Extraktion mit diesen beiden Flskk. von Verunreinigungen befreit werden. Die alkalische Lsg. soll man filtrieren, bis sie ganz klar ist, weil man sonst kein reines Präparat erhält.

Isolierung eines alkohollöslichen Eiweißstoffes (Prolamins).

52. Beispiel: Hordein.
Eul. 185, Schm. 2092.

500 g Perlgraupe (von Hordeum vulgare) werden pulverisiert B_{20} und mit 2,5 l 70 proz. A. langsam perkoliert. Die

Masse wird eventuell filtriert, das Filtrat bei niedriger Temp. auf $\pm$ 200 ccm eingedampft und schnell abgekühlt. Das Roh-Hordein scheidet sich dabei gewöhnlich als eine plastische Masse ab. Die Mutterlauge wird abgegossen, das Roh-Hordein mit 50 ccm 1 proz. Kochsalzlsg. ausgewaschen und in einer eben hinreichenden Menge 70 proz. A. gelöst. Die Lsg. wird eventuell filtriert und unter vermindertem Druck zu einem dicken Sirup eingedampft, den man unter konstantem Umrühren in 250 ccm eiskalte 1 proz. Kochsalzlsg. gießt. Sobald sich das Hordein in zusammenhängender Schicht abgeschieden hat, wird die Salzlsg. dekantiert und der Nds. oberflächlich mit wenig Wasser gewaschen. Nun wird das Roh-Hordein in starkem A. gelöst, eventuell filtriert und das Filtrat wieder zu einem dicken Sirup eingedickt. Der Sirup wird in das 10 fache Volum 96- bis 100 proz. A. gegossen, das sich gewöhnlich als zähe Masse abscheidende Hordein in Stückchen zerschnitten und in absolutem A. digeriert, bis es sich leicht zerreiben läßt. Dann wird schnell filtriert, mit trockenem Ä. gewaschen und schließlich über H_2SO_4 getrocknet.

Ausbeute: 7,8—8,3 g.

Reinheitskriterien: Elementare Zusammensetzung C 54. 29, H 6,80, N 17,21, S 0,83, O 20,87 %. Es soll aschefrei sein.

Erläuterung: Gerstenmehl enthält neben Hordein eine kleine Menge Albumin, Globulin usw. Hordein ist in 70 proz. A. löslich, schwer löslich in sehr verd. A. und in starkem A., worauf das ausgeführte Reinigungsverfahren beruht. Beim Ausgießen in Wasser werden wasserlösliche Proteine, Kohlenhydrate, Salze usw. entfernt, der Zusatz von Kochsalz fördert die vollständige Abscheidung des Hordeins. Ist die Flüssigkeitsmenge beim Zusatz von starkem A. zum gewaschenen Roh-Hordein für vollständige Lsg. nicht hinreichend, so setze man noch etwas Wasser und A. hinzu. Das Hordein muß rasch getrocknet werden, weil es sonst leicht zusammenklebt.

Auf ähnliche Weise können Gliadin (50) und Zein (aus Mais) isoliert werden.

Speziallit. für Eiweißstoffe: Nr. 6, 11, 12, 37.

Enzyme.

Schm. 2103, B. 324, Holl. § 43, 195, 221 u. 222.

Enzyme sind Katalysatoren von organischem Ursprung und kolloidaler Beschaffenheit. Katalysatoren sind Stoffe, von welchen eine verhältnismäßig geringe Menge imstande ist, sehr große Mengen anderer Stoffe in bestimmter Weise chemisch zu verändern, ohne dabei verbraucht zu werden oder an Wirk-

samkeit einzubüßen. Chemisch scheinen die Enzyme den Eiweißkörpern nahe zu stehen.

Man unterscheidet je nach der Art der Spaltung, welche
sie bewirken können, mehrere Gruppen von Enzymen.

Zur Isolierung von Enzymen werden durchweg die Grund-
substanzen mit Wasser, Glyzerin oder 20 proz. Weingeist bei
niedriger Temp. extrahiert. Höhere Temp. sind bei den Enzymen
überhaupt zu vermeiden, weil sie dabei bald ihre Wirksamkeit
einbüßen, besonders so lange sie in gelöstem Zustande vorliegen

Aus den genannten Lsgg. können die Enzyme nach dem
Krawkowschen Verfahren gewonnen werden. Die Lsg. wird
mit Ammonsulfat gesättigt, wobei die Enzyme und Eiweißkörper ausfallen. Die Masse wird filtriert, das Filter mit dem
Nds. in absoluten A. getaucht, der Nds. aus dem Filter entfernt
und während 12 Stunden in absolutem A. beiseite gestellt. Dann
wird der Nds. getrocknet und ihm das Enzym mit Wasser entzogen.

Eine andere Isolierungsmethode beruht darauf, daß die
Enzyme, als Kolloide, von andern kolloidalen oder ähnlichen
Substanzen leicht absorbiert werden. Es sei folgendes Beispiel
erwähnt. Das Material wird mit phosphorsäurehaltigem Wasser
ausgezogen; setzt man nun Kalkwasser zum klaren Extrakt,
dann fällt Kalziumphosphat aus, welches in oben erwähnter
Weise wirkt. Die Enzyme werden vom Nds. dermaßen festgehalten, daß sie auch beim Auswaschen desselben nicht entfernt werden. Der ausgewaschene Nds. wird in verd. Salzsäure gelöst und das frei gewordene Enzym durch Dialyse usw.
gereinigt.

Noch andere Isolierungsmethoden sind bei unsern Prä-
para ten angewandt worden.

Man beachte, daß manche Enzyme bei längerem Kontakt
mit A. ihre Wirksamkeit verlieren.

Isolierung eines (Glykosidspaltenden) Enzyms durch
Extraktion mit verdünnter Säure und Ausfällung aus
dem Extrakt mit starkem Alkohol.

53. Beispiel: Emulsin.

Eul. 111, Schm. 2104, B. 276, 434, Holl. § 257.

500 g süße Mandeln (Amygdalae dulces) werden erst zu
einem groben Pulver zermahlen und dann feiner pulverisiert,
eventuell unter Zusatz von etwa 200 g gereinigtem, groben
Seesand.

Das feine Pulver wird unter konstantem Schütteln während zwei Stunden mit 500 ccm 1 proz. Essigsäure mazeriert, filtriert und abermals mit 200 ccm 1 proz. Essigsäure ausgezogen und filtriert. Zu den vereinigten Filtraten[1]) setzt man 1 L. 96 proz. A. und nachdem der Nds. sich abgesetzt hat, filtriert man die Masse durch ein kleines Faltenfilter (vgl. S. 36).

Nachdem man den anhängenden A. möglichst hat verdunsten lassen, wird die Masse in der eben hinreichenden Menge destilliertem Wasser gelöst, filtriert, mit 96 proz. A. wieder ausgefällt, auf einem kleinen Faltenfilter gesammelt, zuerst mit 70 proz., dann mit 96 proz. A. und Ä. nachgewaschen und schließlich im Vakuumexsikkator über Schwefelsäure und Natronhydrat getrocknet. Das trockene Emulsin wird pulverisiert.

Ausbeute: ± 1,5 g eines weißen oder gelblichen Pulvers. Zur Prüfung der Wirksamkeit versetzt man eine Amygdalinlsg mit einer kleinen Menge des Pulvers und kontrolliert ob Blausäure entwickelt wird. [Geruch (Vorsicht!)]

Erläuterung: Durch Extraktion der Mandeln mit sehr verdünnter Essigsäure bleiben die wasserlöslichen Eiweißstoffe zurück, während die Ausbeute an Emulsin auf diesem Wege am reichlichsten ist. Das Emulsin wird, wie alle Enzyme, von starkem A. gefällt. Schnelles Arbeiten ist hier ratsam, weil der A. auf die Dauer zersetzend auf Enzyme einwirkt.

Emulsin kommt außer in süßen und bittren Mandeln u. a. im Manihot und in vielen Pilzen vor. Es muß nach neueren Untersuchungen als eine Mischung mehrerer Enzyme angesehen werden (Rosenthaler).

Isolierung eines (Kohlenhydrat-spaltenden) Enzyms durch Extraktion mit verd. Alkohol, und Ausfällung aus diesem Extrakt mit starkem Alkohol.

54. Beispiel: Diastase.

Schm. 2106, B. 319, 602, Holl. § 43.

1 kg Malz wird fein pulverisiert B_{20} und im Mörser mit 2 L. 40 proz. A. verrieben. Die Masse wird in eine Flasche gebracht und unter zeitweiligem Schütteln 12 Stunden digeriert, dann durch ein Faltenfilter filtriert. Der Rückstand wird abermals mit 1 L. 40 proz. A. 6 Stunden digeriert und filtriert. Das Filtrat ist gewöhnlich nicht ganz klar, man achte aber nicht weiter darauf.

Zu den vereinigten Auszügen wird 1,5 L. 96 proz. A. pro L. hinzugesetzt. Nachdem der entstehende Nds. sich gesetzt hat,

---

[1]) Man kann vorher mit einer Probe des Filtrats versuchen, ob auf Zusatz von Essigsäure ein Nds. entsteht. Sollte der Fall eintreten, so wird zuerst Essigsäure zum Filtrat gesetzt und filtriert.

wird die Masse dekantiert und durch ein kleines Faltenfilter filtriert (S. 36). Der gesammelte Nds. wird in einem Mörser mit absolutem A. verrieben, filtriert, mit Ä. nachgewaschen und rasch im Vakuumschwefelsäure-Exsikkator getrocknet.

Reinheitskriterien: Weißliches Pulver. Die diastatische Kraft wird folgendermaßen bestimmt.

Je nach der annähernden Stärke des Präparates werden 10 bis 500 mgr des Präparates in 50 ccm Wasser gelöst und davon 0,1, 0,2 usw. bis 1 ccm je in ein Reagenzrohr gegeben, welches 0,2 g lösliche Stärke, in 10 ccm Wasser gelöst enthält. Man schüttelt gut um und läßt die Diastase bei Zimmertemp. eine Stunde einwirken. Dann versetzt man mit 5 ccm Fehlingscher Lsg., mischt, läßt die Röhrchen 10 Min. lang in kochendem Wasser und sieht in welchem Röhrchen eben alle Fehlingsche Lsg. reduziert ist.

Als Einheit wird eine Diastase angenommen, von der 0,3 ccm einer Lsg. von 0,1 g in 250 ccm Wasser sich wie oben verhalten. Man setzt deren diastatische Kraft = 100.

Erläuterung: Als Extraktionsflsk. kann auch 20 bis 30 proz. A. benutzt werden. Die Ausbeute wird dann größer, das Präparat aber lange nicht so rein. Zum Diastaseextrakt muß soviel hochproz. A. zugesetzt werden, bis der Gehalt wenigstens 70 % betrage. Die Diastase fällt dann aus. Rasches Trocknen empfiehlt sich, damit man ein wirksameres Präparat bekommt. Diastase verwandelt als verzuckerndes Enzym Stärke in Maltose, welche Fehlingsche Lsg. zu reduzieren vermag.

Diastase ist ein in den Pflanzen sehr verbreitet vorkommendes Enzym. So wurde es im Samen der meisten Pflanzen nachgewiesen (ausgenommen Lupinen und Mandeln). Zumal keimende Samen, Knollen und Rhizomen enthalten große Mengen diastatische Enzyme. In den Blättern fehlt es.

Die Isolierung gelingt außer nach obigem, nach allen allgemeinen Methoden, die wir aufgeführt haben.

Speziallit. für Enzyme: Nr. 12, 18.

Anhang.

(Enthält einige Körper, die zu keiner bestimmten Gruppe gehören).

55. (Barb) Aloin.

Eul. 85, Schm. 1867, B. 597.

100 g pulverisierte Barbadosaloe werden mit 500 ccm einer Mischung von wasserfreiem Methyl-A. und Chloroform (1 = 4) 4 Stunden am Rückflußkühler erhitzt. Nachdem man hat absetzen lassen, wird heiß abgegossen und die klare Lsg. im Wasserbade abdestilliert. Der Dest.-Rückstand wird mit Hilfe von 96 proz. A. zu einer sirupartigen Masse gelöst ($\pm$ 200 ccm) und zur Kristallisation an einen kühlen Ort gestellt. Nach einigen Tagen (bisweilen erst nach 5—10 Tagen) ist die Masse

zu einem Kristallbrei erstarrt. Diese wird abgenutscht und mit 50 ccm A. nachgewaschen. Ausbeute: 12 g. Zur Entfernung des begleitenden Iso-Barbaloins werden 10 g dieses Produktes auf dem Wasserbade etwa $\frac{1}{4}$ Stunde mit 115 g einer Kochsalzlsg. (15 = 115) und 5 g einer gesättigten Kupfersulfatlsg. erwärmt, abgekühlt, filtriert, diese Bewirkung wiederholt, bis das Filtrat nicht mehr rot gefärbt ist. Dann werden die abgeschiedenen Kristalle aus obengenannter Mischung von Methyl-A. und Chloroform in der Wärme umkristallisiert, gesammelt und über H_2SO_4 getrocknet.

Ausbeute: 6 g.

Reinheitskriterien: Gelbe, geruchlose Kristalle, die bei 147⁰ scharf schmelzen.

Erläuterung: Barbadosaloe enthält neben Aloin u. a. Aloeharz, einige Antrachinonderivate und ätherisches Öl. Das Roh-Barbaloin wird begleitet von Iso-Barbaloin, das auf die ausgeführte Weise, (Klungesche Reaktion) entfernt worden kann. Aloin enthält wechselnde Mengen von Kristallwasser. Auf die oben angegebene Weise getrocknet, schmilzt es aber scharf bei 147⁰. Diese Isolierungsmethode stammt von Tschirch und Aschan Barbaloin wie die meisten andern Aloine können (nach Treumann) aber auch durch Auflösen in schwefelsäurehaltigem Wasser (1 Aloe : 10 Wasser) in der Wärme, Filtrieren, Eindampfen auf die Hälfte und Kristallisieren isoliert werden, sind dann aber noch lange nicht rein.

Aloine, zum Teil verschiedener Zusammensetzung, kommen in den Aloesorten vor.

56. Santonin. $C_{15}H_{18}O_3$.

Eul. 147, Schm. 1859, B. 597.

Zu 300 g grobem Pulver (B_{10}) von Wurmsamen (Flores Cinae) wird in einer tarierten Porzellanschale eine Mischung von 60 g Ätzkalk und 500 g dest. Wasser hinzugegeben und die Masse (am besten mit Hilfe einer Rührvorrichtung oder im Vakuum) bis auf 600 g eingedampft. Darauf wird sie in einem geräumigen Kolben (5 L.) mit einer Mischung von 830 g A. (95 %) und 500 g Wasser während einer Stunde am Rückflußkühler ausgekocht, filtriert und der Rückstand mit 1200 g 60 proz. A. ausgekocht. Die vereinigten Filtrate werden auf 600 g eingedampft, filtriert und das Filtrat mit verd. Salzsäure neutralisiert.

Die milchartige Flsk. wird 3—6 Tage an einen kühlen Ort beiseite gestellt und das abgeschiedene Santonin gesammelt. Sollte keine Abscheidung stattgefunden haben, so wird die Flsk. einmal mit 40, dann abermals mit 20 ccm Chloroform ausgeschüttelt und vom gesammelten Extrakt wird der Chloroform abdestilliert.

Das gesammelte Santonin oder der Rückstand des Chloroformextraktes wird in 100 ccm 70 proz. heißem A. gelöst, dem ein wenig Tierkohle zugesetzt wird. Die Masse wird filtriert, mit 10 ccm heißem 70 proz. A. nachgewaschen, das Filtrat an einem kühlen Ort stehen gelassen. Die abgeschiedenen Kristalle werden gesammelt und aus der Mutterlauge durch Eindampfen auf 50 ccm weitere Kristalle gewonnen.

Ausbeute: 3,7—7 g.

Reinheitskriterien: Farblose Kristalle vom Smp. 170°; 0,25 g Santonin sollen nach dem Verbrennen keinen Rückstand zurücklassen. Mit konz. kalter (!) Schwefelsäure durchfeuchtet, soll es sich nicht oder nur schwachgelb färben.

Erläuterung: Beim Erwärmen mit Kalkmilch bildet sich aus dem Santonin, dem Lakton der einbasischen Santoninsäure, santoninsaures Kalzium. Letzteres wird mit verd. A. ausgezogen und nach Austreiben des A. das Santonin aus dem Kalziumsalz durch Salzsäure zurückgewonnen. Dabei scheidet sich zunächst Santoninsäure aus, die aber alsbald in ihr Lakton, das Santonin, übergeht.

Isolierung eines Farbstoffes der Anthracenreihe.

57. Beispiel: Chrysarobin.

Eul. 85, Schm. 1253.

50 g Goapulver (Araroba, ein Sekret des Stammes von Andira Araroba) werden mit 200 ccm Benzol ausgekocht und der Auszug heiß filtriert. Beim Abkühlen scheidet sich eine gelbe Masse ab, die abgenutscht wird. Mit dem Filtrat wird der Rückstand der Abkochung nochmals ausgekocht usw. Die gelben Abscheidungen werden vereinigt, mit etwas kaltem Benzol nachgewaschen und nachdem das anhängende Benzol verdunstet ist, aus der hinreichenden Menge siedenden Eisessigs umkristallisiert, bis reines Chrysarobin vorliegt.

Ausbeute: 20—27 g.

Reinheitskriterien: Gelbe, geruch- und geschmacklose Blättchen die vollständig flüchtig sein sollen. Smp. 170—178°. Chrysarobin soll in verd. Kalilauge unlöslich sein.

Erläuterung: Goapulver enthält nebst Chrysarobin u. a. Harz, Bitterstoff, Zellulose und Asche, welche zum Teil beim Filtrieren der Benzollsg. zurückblieben (welche?) zum Teil beim Herauskristallisieren des Chrysarobins im Benzol gelöst bleiben (welche?). Die Reinigung wird schließlich mittelst Eisessigs vollzogen.

58. Rottlerin.

Schm. 1872.

100 g Kamala (Glandulae rottlerae, Haare, welche die Frucht der Rottlera bedecken) werden mehrere (± 8) Tage

über Kalk und dann noch 10 Stunden bei 50⁰ getrocknet. Darauf werden sie mit niedrig siedendem PÄ. (40⁰) während 12 Stunden extahiert. Der durch Verdunsten vom anhängenden PÄ. befreite Kamala wird 300 ccm Schwefelkohlenstoff zugesetzt und das Ganze in einem verschlossenen Kolben unter häufigem Schütteln 12 Stunden bei etwa 15⁰ hingestellt. Alsdann wird filtriert, abgesaugt, mit 100 ccm Schwefelkohlenstoff nachgewaschen und dieser durch Abdestillieren zurückgewonnen, um der Kamala zugesetzt zu werden, worauf die Masse während einer Stunde am Rückflußkühler gekocht wird. Dann wird schnell abgesaugt und mit etwas heißem Schwefelkohlenstoff nachgewaschen. Das Auskochen und Filtrieren wird so oft wiederholt, als das Extrakt noch gefärbt ist.

Von den vereinigten Dekokten wird der Schwefelkohlenstoff bis auf etwa 75 ccm abdestilliert. Diesen Rückstand stellt man einige Stunden an einen kühlen Ort hin, saugt die Masse ab und wäscht die Rottlerin-Kristalle mit etwas kaltem Schwefelkohlenstoff nach. Das so erhaltene Roh-Rottlerin wird aus siedendem Benzol umkristallisiert, bis es rein ist.

Ausbeute: Je nach der Güte des Ausgangsmaterials sehr verschieden: 11,7—33 g.

Reinheitskriterien: Lachsfarbene Kristalle. Smp. 200⁰.

Erläuterung: Die Kamala enthält neben Rottlerin Isorottlerin (?) Harzsubstanzen, etwas flüchtiges Öl und sehr wechselnde Mengen Asche.

Das Rottlerin ist in PÄ. und kaltem Schwefelkohlenstoff wenig löslich, so daß dadurch Verunreinigungen wie Harzsubstanz entfernt werden. Am geeignetsten zum Umkristallisieren haben sich Chloroform und Benzol erwiesen.